旗雲(はたぐも)

巻雲(けんうん)

飛行機雲

巻積雲(けんせきうん)

雲と天気大事典

武田 康男〈気象予報士〉　菊池 真以〈気象予報士〉

もくじ

- 著者メッセージ 〜雲や空の観察は楽しい！ …………………… 4

第1章　空のようすを知ろう …………………… 5

- 雲の分類 ………………………………………………………… 6
- 積雲〔わた雲、にゅうどう雲（雄大積雲）〕…………………… 8
- 積乱雲〔にゅうどう雲、かなとこ雲、かみなり雲〕………… 12
- 層雲〔きり雲〕………………………………………………… 16
- 層積雲〔うね雲、くもり雲〕………………………………… 20
- 高積雲〔ひつじ雲、むら雲〕………………………………… 24
- 【コラム】レンズ雲の仲間　笠雲、つるし雲 ……………… 28
- 高層雲〔おぼろ雲〕…………………………………………… 30
- 乱層雲〔あま雲、ゆき雲〕…………………………………… 34
- 巻雲〔すじ雲〕………………………………………………… 38
- 【コラム】太陽と雲がつくる芸術 1 ………………………… 42
- 巻層雲〔うす雲〕……………………………………………… 44
- 巻積雲〔うろこ雲、いわし雲〕……………………………… 48
- 【コラム】太陽と雲がつくる芸術 2 ………………………… 52
- 霧の空 …………………………………………………………… 54
- 風がふく空 ……………………………………………………… 56
- 雨の空 …………………………………………………………… 58
- 雪の空 …………………………………………………………… 60
- 竜巻の空 ………………………………………………………… 62
- 台風の空 ………………………………………………………… 64
- 雷の空 …………………………………………………………… 66
- 【コラム】空の観察日記をつけてみよう …………………… 68

第2章　気象現象のしくみを知ろう ……… 71

- 雲と風の関係 …………………………………………………… 72
- 雲のでき方 ……………………………………………………… 74
- 雲を動かす風〔上昇気流、下降気流〕……………………… 76
  - 大きな風の流れを生む高気圧と低気圧 ………………… 78
  - 雲ができやすい場所 ……………………………………… 80
- 【コラム】風がなくてもできる雲!? 飛行機雲、ロケット雲 … 82
- 地形によってできる風 ………………………………………… 84
- 地球規模の大きな風の流れ …………………………………… 86
- 竜巻のでき方 …………………………………………………… 88
- 台風のでき方 …………………………………………………… 90
- 台風がもたらす被害 …………………………………………… 92
- 雷のでき方 ……………………………………………………… 94

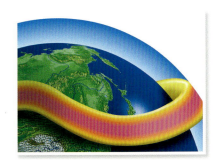

雨と雪のでき方 …………………………………… 96
　　雪は温度と湿度で結晶の形が決まる ………… 98
　霧のでき方 ………………………………………… 100
　地球をめぐる水 …………………………………… 102
　日本の季節をつくる気団 ………………………… 104
　前線のでき方 ……………………………………… 106
　季節のでき方 ……………………………………… 108
　　季節を24等分した二十四節気 ……………… 110
　　南極や赤道には、四季がない？ …………… 111
　大気のつくり ……………………………………… 112
　【コラム】日本で見られるふしぎな気象現象 ……… 114

第3章　天気予報のしくみを知ろう　………115

　雲の動きから見えてくる天気 …………………… 116
　天気予報のしくみ ………………………………… 118
　　気象を、地上、海、空、宇宙から調べる ………… 120
　　調べたことをもとに天気を予測する ………… 123
　　天気予報で活躍する人々 ……………………… 124
　天気予報で使う用語 ……………………………… 125
　天気図を読み解こう ……………………………… 130
　観天望気 …………………………………………… 134

● 空からの挑戦状！　どんな天気になるのか予想しよう！ ………………… 136

さくいん…………………………………………………………… 141

雲や空の観察は楽しい!

空の観察は、とても楽しいものです。
雲は毎日変わり、同じ形の雲は二度と見られません。
季節によって、場所によっても、雲はちがいます。
そして、雲は天気の変化を教えてくれます。
今、大きな空には、何が見えますか。
いろいろな雲や、さまざまな光があるでしょう。
空にあるものは、自分から探さないと気が付きません。
この本では、雲をはじめとしたさまざまな気象について、
写真やイラストでくわしく解説をしています。
興味を持ったら、雲の形や変化を観察したり、
天気を予想したりして、気象を楽しみましょう。

武田 康男

第1章
空のようすを知ろう

雲の分類

雲は水や氷の粒の集まりです。大きく10種類に分けられ、できる高さによって上層雲（5000～1万2000m前後）、中層雲（2000～7000m）、下層雲（2000m以下）と呼ばれます。また、形によっても「かたまり」、「横に広がる」、「すじ」に分けられます。雨や雪を降らせる雲が2種類、雷をもたらす雲が1種類、下層から中層や上層へのびる雲（積雲、積乱雲）があります。

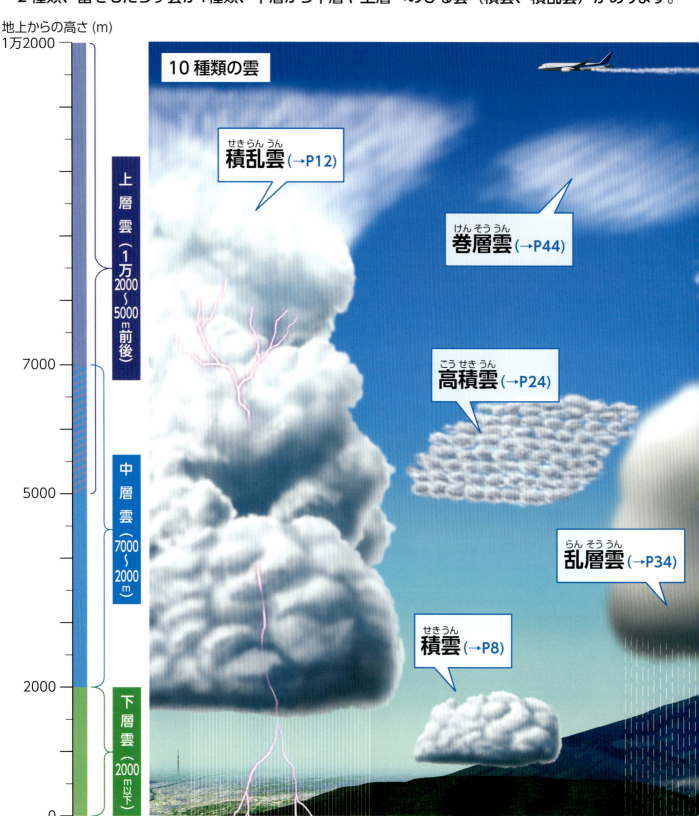

雲の名前で特徴がわかる

　雲の名前には決まりがあります。雲の高さを表す呼び方としては、名前の最初に「巻」が付くのが上層雲、「高」か「乱」が付くのが中層雲、「層」と付くのが下層雲、「積」が付くのが下層にできて高くのびる雲です。また、雲の形については、名前のどこかに「積」が付くのがかたまりの雲、「層」が付くのが横に広がった雲、「乱」が付くのは雨や雪を降らせる雲、「巻雲」はすじの形をした雲です。これらを当てはめれば、10種類の高さと形、そして雨や雪を降らせる雲かどうかわかります。漢字が難しいと思う人は、「うろこ雲」「すじ雲」「わた雲」「にゅうどう雲」など、別の呼び方（通称）もあるので、それらから先に覚えるのもよいでしょう。

巻雲（けんうん）（→P38）
巻積雲（けんせきうん）（→P48）
高層雲（こうそううん）（→P30）
層積雲（そうせきうん）（→P20）
層雲（そううん）（→P16）

雲の高さを知る手がかり

　地面から雲を見上げると、雲が重なっていることもあり、高さのちがいがわからないかもしれません。雲が発生する高さは100mくらいから10kmくらいまでと、その差は100倍にもなります。超高層ビルは100～300mくらいあるので、低い雲がぶつかることがあります（東京スカイツリーは634mもあります）。

　また、標高2000m級の高い山があると、下層雲がそれより下にできていることがわかります。富士山は標高3776mなので、山頂付近は中層雲ができる高さになります。ジェット機は、高く上がると1万～1万2000mくらいを飛ぶことが多く、上層雲の上や上層雲の中を飛んでいます。このように、雲ができる高さにある山や人工物を手がかりにすると、雲の高さがある程度わかります。

雲のでき方（p74）もチェック！　▶▶

空にうかぶ雲の代名詞
積雲 〔 わた雲、にゅうどう雲（雄大積雲） 〕

▲低い空に、丸みのある雲がぽっかりうかびます。もくもくとした形は、綿菓子のようです。

積雲は、下層（→p6）にできる、かたまりの雲です。海や川、山など、水蒸気がたくさんある場所でよく発生します。太陽の熱によって水が蒸発し、空気が上昇しやすい昼間にできることが多く、さまざまな形に変化しながら、できては消えていきます。

▲海の上に、もくもくとした大きな積雲が並んでいます。中層（→p6）まで達するような大きな積雲は「にゅうどう雲（雄大積雲）」とも呼ばれます。ただし、積乱雲（→p12）も同じように「にゅうどう雲」と呼ばれるので、混同しないようにしましょう。

▲山のすぐ上にできた積雲です。太陽の光が当たった山は、暖かくなり、周りから風が入ってきて、上昇気流（→p76）が起きやすくなるので、よく積雲が発生します。山の上にいると、発生した積雲の中に入ってしまうことがあります。

積雲の特徴

積雲は、地面で暖まった空気が上昇してできます。上昇した空気中の水蒸気とちりが結び付くと、水の粒（雲粒→p74）ができて集まり、雲になります。上昇する風がなくなると雲はすぐに消えます。暖まった空気が勢いよく上昇すると、丸い形になって上の方へのび、さらに中層（→p6）までのびると「にゅうどう雲（雄大積雲）」になります。横から風が当たると、雲の形がくずれます。

弱いにわか雨を降らせることもある

積雲は、小さな雲のうちは雨を降らせませんが、上の方へどんどんのびて「にゅうどう雲（雄大積雲）」になると、ぱらぱらと雨を降らせることがあります。雲の幅がせまいので、短時間だけ雨が降る「にわか雨」となります。この雨は積乱雲（→p12）から降るような大粒のにわか雨とはちがい、降っても弱いので、傘がなくてもあまりぬれないことがほとんどです。

見分け方のポイント

低い空にぽつんと丸みのある雲があったら、ほぼ積雲です。少し丸みがあって横に広がる層積雲（→p20）とまちがえることがありますが、かたまりになっていて横に広くつながっていたら層積雲、上部がもくもくとわき上がっていたら積雲です。積雲が上層まで上がり、上の方が広がると積乱雲になります。

いろいろな積雲

▲風に流される積雲です。右から左へ風がふいています。このように風がふいているときは、左右対称の形になりません。

▲夕方になると多くの場合、積雲は小さくなります。夕日が当たると色がつきます。

▼積雲がどんどん上へ成長して、にゅうどう雲（雄大積雲）になりました。この後、積乱雲へと成長しそうです。

▼冬など、気温が低いときは、こうした平べったい積雲が多く見られます。

積雲のでき方

積雲は、地面から上昇気流（→ p76）が起こる場所にできます。上昇気流の発生とともに、積雲があちらこちらにできます。空気は上空に上がると冷え、空気中の水蒸気とちりがくっ付いて雲粒ができるので、積雲は下の方がやや平らで、上の方が盛り上がった形になります。

この高さより上で、水蒸気が目に見える雲粒になっています。

●朝から積雲が並ぶとにわか雨

ふつう、積雲は空気が暖まった日中にできるので、朝にはあまり見られません。朝に積雲がたくさん並んでいたら、上空のようすがいつもとはちがい、台風（→ p64、90）や低気圧（→ p79）などが近づいて、暖かい、しめった風がふいていると考えられます。

積雲が次々と流れていたら、数時間で大きな雲がやってきて、強い雨や風になる可能性があるので注意しましょう。

●「旗雲」は風

高い山から積雲がなびき、旗のような形になったものが「旗雲」です。旗雲は、山にしめった風が当たって、風が乱れてできたものです。旗雲が出ていたら風が強いと考えられますので、山に登るのは危険です。また、急に雲が増えて雨や雪になる可能性もあります。

積雲は下から見た場合と、横から見た場合で、形がちがって見えます。アンパンを想像してみましょう。下から見たら丸いですが、横から見たら、縦につぶれた形をしています。また、積雲はふつう、上の方は真っ白ですが、下の方はかげになるので灰色に見えます。

雲の分類（p6）、積乱雲（p12）もチェック！　▶▶

雷や大粒の雨に注意
積乱雲 〔にゅうどう雲、かなとこ雲、かみなり雲〕

▲積雲(→p8)が成長し、積乱雲になりました。丸いかたまりがたくさん動いて、雲がどんどん大きくなっています。この雲の中にはたくさんの水分があります。

最も大きく発達する雲で、強い雨や風、雷をもたらします。積乱雲のことをよく知れば、雷や洪水などの自然災害から身を守ることができます。巨大な積乱雲は、わずか30分ほどで成長します。急な強い雨や風におそわれないように、雲のしくみを知ることが大切です。

▲積乱雲は「にゅうどう雲」ともいいます。おぼうさんの頭のような、丸いかたまりがたくさんあるからです。このような形になるのは、空気が勢いよく上昇しているためです。1秒間に10mも高くなり、目で見ても雲の動きがわかります。

▲積乱雲が最も成長すると、てっぺんが対流圏と成層圏（→p113）の境目に沿って広がります。この形が、熱してやわらかくした鉄を打つ台（かなとこ）の形に似ているので「かなとこ雲」とも呼ばれます。

積乱雲の特徴

地表近くから上昇した空気が、上層（→p6）にまで届くことで積乱雲ができます。この雲はたくさんの水分をふくむので強い雨を降らせます。また、積乱雲の中には強い風がふいていて、竜巻（→p62、88）などを起こすことがあります。大きな雲のわりには成長し始めてから消えるまでが短く、わずか1～2時間ほどでなくなります。積乱雲の下側は、こい灰色をしています。

積雲が成長して積乱雲になる！

積乱雲は必ず積雲から成長します。しかし、積雲のうち、積乱雲になるのは、ほんの一部です。下層の小さな積雲が、わずか30分ほどで高さ10～15kmにも成長します。そして強い雨（→p58、96）や冷たい風、雷（→p66、94）を起こします。積乱雲は台風（→p64、90）や寒冷前線（→p106）の近くや、気温の高い日に発生しやすい雲です。

見分け方のポイント

上の方にくびれができていたら、積雲が積乱雲になったと考えてよいでしょう。雲の下の方が暗く、遠くから見ても、巨大な雲だということがわかります。積乱雲から15kmくらいの場所に近づくと、雷の音が聞こえてくることがあります。

積乱雲の成長のようす

1. 大きな積雲
大きな積雲が見えてきました。このように積雲の幅が広いときは、積乱雲になることがあります。

4. かなとこ雲になる
対流圏（→p113）の上まで達すると、雲はそれ以上上にのびず、横に大きく広がります。積乱雲が最も大きくなった姿です。

2. 急に高くなる（にゅうどう雲）
急に上へのび出しました。こうなると積乱雲になる可能性が高いです。

3. 上の方が広がる（にゅうどう雲）
上の方が横に広がると積乱雲となります。高さは10kmくらいになっているようです。雷も発生し始めます。

積乱雲のでき方

　強い上昇気流（→p76）とともに、地表近くからたくさんの水蒸気が集まって積乱雲ができます。雲の下の方は小さな水の粒（雲粒→p74）でできていますが、上の方は気温が低いので、小さな氷の粒になっています。氷の粒ができると、氷の粒どうしのまさつで電気が生まれ、雷が起こるほか、大きな氷の粒（ひょう→p97）ができ、竜巻なども発生します。

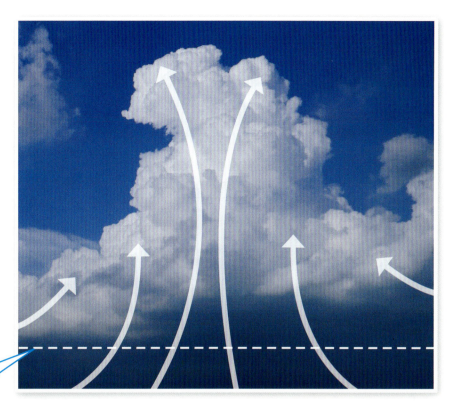

この高さより上で、水蒸気が冷えて、雲のもととなる雲粒になっています。

5. かなとこ雲が最終形態

かなとこ雲は激しい雨や雷をもたらすので注意しましょう。写真のような巨大な積乱雲はめずらしいもので、この写真が撮影されたときは空が急に暗くなり、激しい雨とひょうが降りました。

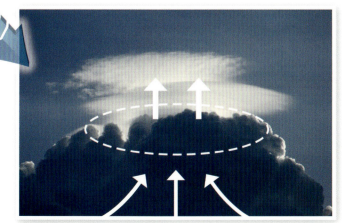

頭巾雲ができることも！

積乱雲の成長が激しいときは、雲の上に突然、帽子のような形の頭巾雲ができます。これは急に成長する積乱雲によって空気が持ち上げられたためにできた雲で、すぐに消えていきます。

天気に注目

- ●急に暗くなったら雨、風、雷
- ●頭巾雲は雷雨
- ●かなとこ雲は雷雨

　晴れて暑い日に、急に積乱雲がやってくることがあります。あっという間に空が暗くなり、冷たい風がふいてきて、雷の光を見たり音を聞いたりしたら、強い雨や風に注意しましょう。かなとこ雲になっていないか、頭巾雲はできていないか、チェックしましょう。

雲の分類（p6）、積雲（p8）もチェック！ ▶▶

霧雨を降らせる低い雲
層雲〔きり雲〕

霧雨を降らせる低い雲
▲湖の上の低い空に、横に広がった層雲ができました。よく見ると、雲が2層あります。

下層雲（→p6）の中でも、最も低い位置にできる雲です。霧（→p54、100）は雲とはいいませんが、霧が地面や水面からはなれると層雲になります。海、湖、川の近くにできやすく、盆地や平野などでも朝方には見られることがあります。層雲で山がかくれることもあります。

▲朝、霧が上昇して、層雲になりました。こうして霧から層雲になり、その後、太陽の光に暖められて周りの空気が乾燥するため、だんだんと消えていきます（→p75）。層雲から、まれに霧雨が降ります。

▲層雲はうすいので、太陽が白くすけて見えることがあります。雲の厚みによって太陽がどのくらい明るく見えるかが変わります。

層雲の特徴

層雲は、東京などの都市ではほとんど見られません。一方、水辺や、谷、盆地では、朝に霧（→ p54、100）とともに見られます。また、雨の前後にも見られることがあります。層雲の雲は厚みがうすく、できてから短時間で消えてしまいます。観察をするときは、下から見上げるより、横から見た方が特徴をつかみやすいです。

低い空にできる霧のような雲

雲の正体は水や氷の粒（→ p74）ですが、霧も小さな水の粒からできています。正体は同じですが、地面にくっ付いていたら霧、霧が少しでも地面からはなれると層雲と呼びます。層雲は高い建物や山をかくすことがよくあります。気温のちょっとした低下で生じるため、少し気温が上がっただけでも消えてしまいます。また、風に流されるとゆっくり動き、形がだんだん変わります。

見分け方のポイント

とても低い所にある雲で、同じ下層雲（→ p6）の層積雲（→ p20）より下にできます。雲はうすく、丸みを帯びることなく、ただよっています。層雲はたまに霧雨を降らせることがありますが、傘の必要がない程度です。

▲東京でめずらしく層雲が見られました。東京タワーも半分が層雲にかくれてしまっています。

◀湖のある谷は、層雲ができやすい地形です。この層雲はだんだん高く上って、消えていきました。

層雲のでき方

層雲は、霧が下からゆっくり持ち上げられることでできます。右の写真のように層雲を横から見ると、地面のすぐ上にあり、高さは低く、ゆれながら横にゆっくり動いています。太陽の熱で暖められて周りの空気が乾燥するのにともなって、太陽の光が当たって真っ白に見える部分から、次々に消えていきました。気温の高い昼間に見られることはまずありません。気温が下がった夜に出て、月の明かりに照らされていることもあります。

下からゆっくりと持ち上げられます。

いろいろな層雲

朝早い時間に山を登ると、山の高さまで上昇して山にくっ付いた層雲の中に入ってしまうことがあります。層雲にさわれることもありますが、雲は霧のようにはっきりしていないので、雲の中に入っていることに気が付かないこともあります。

▲朝、谷をうめていた霧が層雲になり、さらに山を上がって、しだいに消えていくところです。層雲が出ているときは、その上の空が写真のように晴れていることが多いです。

▲消えるときにところどころが残り、層雲としてはめずらしい、切れ切れに分かれた形になりました。木には水分が多いので、木の周りにあった層雲が最後まで残ったのでしょう。

ワンポイント

層雲は低い位置にあるので明かりが届きやすく、夜の街の明かりを映すことがあります。強力な懐中電灯があれば、雲を照らしてみましょう。空が低い位置で雲にさえぎられていることがわかります。

▲スカイツリーに照らされる層雲。

雲の分類（p6）、霧（p54、100）もチェック！ ▶▶

畑のうねのような形の雲
層積雲（そうせきうん）〔うね雲、くもり雲〕

▲低い空で、横に広がるかたまりになっています。太陽が当たらない下の方は、灰色をしています。雲の上には青空が広がっています。

「層（横に広がった雲）」と「積（かたまりの雲）」の漢字が名前に付く（→p7）、形のわかりにくい雲です。下層（→p6）の低い空で、よく波の模様になっています。まるで大きな「うね」（畑で、作物を育てるために土を盛り上げた場所のこと）が空にあるようです。

▲ずっと遠くまで広がっている層積雲です。模様があり、雲が厚い部分は暗く見えます。この雲は風に流されて、ゆっくり動いていきました。風の影響で、こうした模様が見られることもあります。

▲層積雲は、この写真のように細長くのびることも多くあります。雲が低い位置にあるので、高い位置にある雲に比べて形の変わり方が速く感じられます。

層積雲の特徴

低い空に、いろいろな形で広がるので、特徴がつかみにくい雲です。畑のうねのように細長くのびているときは、すき間から青空が見えますが、空にたくさん広がると、空が暗くなり、雨が降るのかと思ってしまいます。実際に、まれに弱い雨や雪が降ることもありますが、層積雲がもたらす雨や雪は、すぐにやみます。

低い空で、1年中見られる

1年中見られますが、どちらかというと、地面近くに冷たい空気が入りこむ冬に多く、寒い朝にできやすい雲です。層積雲は太陽の光が出て周りの空気が乾燥すると、だんだんと消えてなくなることが多いです。

標高1500m以上の場所からは、層積雲を見下ろすことになります。これが「雲海」です。雲海は主に夜にできて、朝、暖かくなるとほとんど消えてしまいます。

見分け方のポイント

下層にできて、層雲（→p16）でも積雲（→p8）でもない雲を、層積雲と思えばよいでしょう。特に決まった形はありません。わかりやすいので、まずは細長い形から覚えましょう。また、白っぽく見えることは少なく、だいたいうすい灰色をしています。高い山は層積雲の上に頭が出ています。

いろいろな層積雲

◀レンズの形になっていて、太陽に面していない手前側が灰色に見えています。太陽の熱を受けて、ゆっくりと形を変え、だんだんと消えていきました。

▲手前の方にびっしりと層積雲があり、向こうの空は晴れています。こうした層積雲は、とても弱い雨や雪を降らせることがあります。

▲うねのような形の雲が空に広くかかりました。雲は少しずつ動いていきます。

層積雲のでき方

雲は空気が高く上昇して冷えてできます。しかし、地面が冷やされる夜から朝や、冷たい空気が入ってきたとき、または冬など、気温が下がる時期には空の低い位置にも雲ができやすくなります。また、右の写真のように、上昇するいくつもの空気（白と水色の矢印部分）にはさまれるようにして雲ができると、細長い形になります。雲の横では、上昇した空気が少しずつ下降しています。

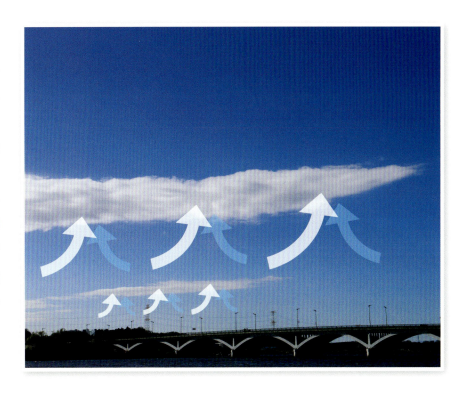

▲層積雲のすき間から光がもれて、光のすじができたようすを「天使のはしご」といいます。空気中に小さなちりが多くただよっているときに見られます。層積雲や太陽が動くと、光のすじが変化します。

天気に注目

●雲海が見られると晴れ

層積雲が眼下にたくさん広がって、まるで海を見ているような状態を「雲海」といいます。標高1500m以上の高い山では、朝、層積雲の雲海が広がっているようすを見ることがあります。盆地の地面が夜に冷やされて層積雲ができたもので、太陽の光が当たって暖められると、雲海はなくなっていきます。夏から秋の朝早くにできることが多く、雲海が見られた日は晴れやすいです。

雲の分類（p6）もチェック！　▶▶

高積雲 〔ひつじ雲、むら雲〕

ヒツジの群れのような形が有名

▲まさにヒツジの群れのような雲です。雲のすき間の青空が、とてもきれいです。雲はやや丸く見え、雲の下の方は灰色がかっています。

ヒツジがたくさん行進しているように見えるので、「ひつじ雲」と呼ばれます。また、群れになっているので、「むら雲」ともいいます。高くも低くもない中層（→p6）にできる雲で、いつの間にかできては消えてしまいます。

▲太陽の上に高積雲が広がっています。写真のおくの雲は太陽の光でかがやいています。手前の雲は大きく、おくの雲は小さく見えますが、実際にはほとんど同じ大きさです。

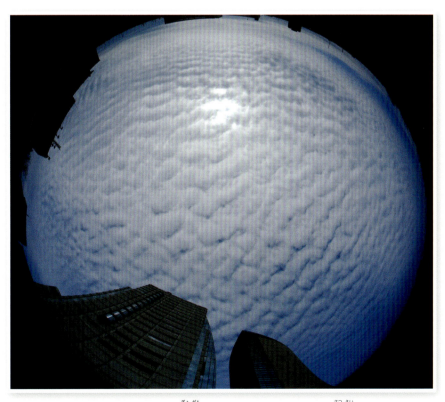

▲空いっぱいに広がった高積雲を、魚眼レンズというレンズを使って撮影しました。周りは青空で、この写真を撮影した場所の上空だけに高積雲が広がっていました。

高積雲の特徴

丸いかたまりがたくさんあるのが特徴です。うろこ雲（巻積雲→ p48）とのちがいは、高積雲の方が低い位置にあるため、かたまりが大きく見えるということと、丸みがあるので、太陽の光が当たらない下の方が、たいてい灰色になっていることです。雲の間には必ずすき間があり、そこから青空や、さらに上にある雲、ときには太陽や月の光が見られます。

波の模様や、レンズの形になることも

高積雲は、近くの山の影響で横から風を受けると、波模様やレンズの形の「レンズ雲」になることがあります。波模様は長続きせず、レンズ雲の形はだんだん変わっていきます。特に高い山にできたレンズ雲は「笠雲(→p28)」といい、帽子のような形になることもあります。こうした形の高積雲ができるときは、低気圧（→ p79）や台風（→ p90）が近づいて、天気が悪くなることが多いです。

見分け方のポイント

積雲（→ p8）と高積雲と巻積雲は、どれも丸いかたまりになっています。しかし、高さは下層、中層、上層とそれぞれちがい、上層ほど地面から遠いので小さく見えます。高積雲は中間的で、かたまりはやや小さく、たいてい下の方が少し灰色に見えます。

いろいろな高積雲

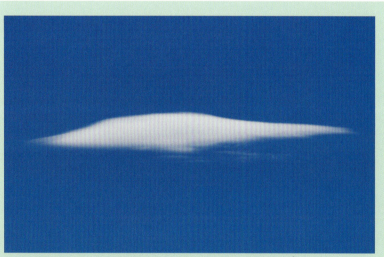

▲レンズの形になった高積雲です。山の上にできると笠雲と呼ばれます。横から風が当たっています。

▲丸っぽくなく、複雑な形の高積雲もあります。雲にすき間があるので、高積雲だとわかります。

▲波模様や、しま模様になった高積雲です。強い風にふかれて模様ができました。サバの背の模様のようなときは巻積雲（→ p50）と同様に、「さば雲」と呼ばれることがあります。

高積雲のでき方

高積雲のたくさんの雲のかたまりは、それぞれが上昇する風の流れによってできています。雲のすき間は、下降する空気の通り道です。高積雲のある場所には、上昇したり下降したりする小さな空気のうずが集まっているのです。上昇する空気の流れがなくなると、雲は消えてしまいます。巻積雲とできるしくみが似ています。

※空気の動きを表す矢印は雲の一部に入れています。

●ひつじ雲の間に青空が見えると晴れ

ひつじ雲は低気圧がやってくる前や、高気圧（→p78）の近くによくできます。ほかに雲がなく、ひつじ雲だけがあれば、すき間に青空が見えます。このようなときは、高気圧が近くにあるので天気がすぐに悪くなったりはせず、ひつじ雲もまもなく消え、その後は晴れます。ひつじ雲は動きながら形がどんどん変わるので、そのようすを観察してみましょう。

●ひつじ雲の間に雲があると雨

ひつじ雲のすき間から、より高い位置の雲である、すじ雲（巻雲→p38）、うす雲（巻層雲→p44）、うろこ雲（巻積雲）が見えることがあります。低気圧の接近でこれらの高い雲ができてから、ひつじ雲ができたと考えられます。そうなると、この後はおぼろ雲（高層雲→p30）が広がり、だんだんあま雲（乱層雲→p34）へと成長し、雨を降らせます。

●レンズ雲は雨と風

高積雲は、凸レンズを横から見るような形をした「レンズ雲（→p28）」になることもあります。巨大なUFOのようにも見えます。よく見ていると、雲が太くなったり細くなったりして、消えていくこともあります。高い空にしめった強い風がふいているときにできる雲なので、この後は雨や雪が降ったり、風が強くなったりすることもあります。

雲の分類（p6）もチェック！

レンズ雲の仲間
笠雲、つるし雲

雲は、ときにふしぎな形になります。特に低気圧（→ p79）や台風（→ p90）が近づくとできやすい「レンズ雲」の仲間は、山のそばで「笠雲」や「つるし雲」と呼ばれる変わった形になります。レンズ雲の多くは高積雲（→ p26）です。

▲富士山に美しい形の笠雲ができました。しめった風が山を乗りこえたときにできた雲です。山頂にいる人は、雲にすっぽりとおおわれてしまった状態になるので、周りが見えません。

笠雲のでき方

笠雲は風が山を乗りこえるときにできる雲で、山の上に笠や帽子をかぶせたような形になります。山頂をかくすこともあれば、山頂からはなれ、上の方にできることもあります。風が山の斜面を上がると冷えて雲ができ、下ると暖まって雲が消えます。笠雲が大きくなったら、低気圧が近づいている可能性があるので、雨や風に注意しましょう。

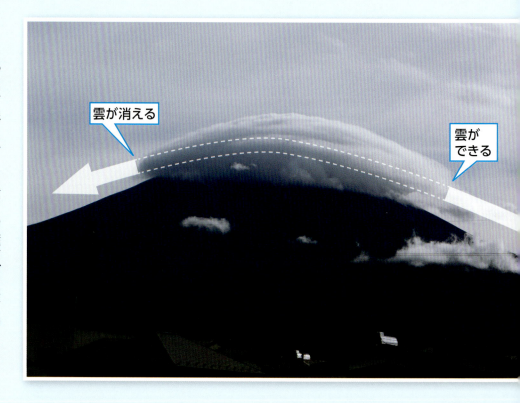

つるし雲のでき方

高い山をこえた風と、山の横を通ってきた風が集まって、風が上昇する所にできる雲が「つるし雲」です。つるし雲はレンズ雲の中でも複雑な形をしています。日本で最も高い富士山の周りでは、山が高いだけでなく、海からのしめった風が当たりやすいために、つるし雲が多く発生します。低気圧や台風が近いと、つるし雲ができやすいです。

▲横から見たつるし雲。つるし雲は、下から見ると、楕円やつばさの形に見えることが多いです。

雨を知らせる灰色の雲
高層雲〔おぼろ雲〕

▲高層雲が広がると、太陽がぼんやりと見えた状態になります。灰色の雲なので、周りの景色も少し暗くなります。高層雲が厚くなると、太陽が見えない乱層雲（→p34）になり、雨や雪が降ってきます。

高層雲ができると、太陽のかがやきが弱くなって、空が灰色で暗くなり、雨や雪が近づいている感じがします。夜にできた場合は、月がぼんやりして見えます。空全体に広がっていることが多く、高い山がある場合は、そのすぐ上ぐらいの高さにできます。

▲高層雲は模様のないものが多いですが、ときどき、雲がたれ下がったり、しま模様になっていることがあります。

▲平地から見ると、高層雲は層雲（→p16）や層積雲（→p20）との区別がつきにくいですが、山の高い場所から見ると、層雲や層積雲の上に高層雲があることがわかります。高層雲は地形に関係なくできます。

高層雲の特徴

高層雲は、やや高い空に広がります。ほとんど模様がなくて灰色をしています。この雲が太陽にかかると、太陽の丸い形は見えなくなり、光も明るさが何となくわかる程度になります。「おぼろ雲」とも呼ばれますが、「物の形がぼんやりとしたようす」を指す「おぼろ」という言葉に由来しています。高層雲がかかった月を「おぼろ月」ともいいます。

厚く発達して乱層雲になることも

高層雲の多くは、低気圧（→p79）が近づくことでできます。このようなときは巻雲（→p38）、巻積雲（→p48）、巻層雲（→p44）、高積雲（→p24）と、雲がだんだん増え、高層雲が厚くなって、乱層雲（→p34）に変化します。乱層雲は雨や雪を降らせますから、高層雲が広がったら雨や雪が近いと思った方がよいでしょう。高層雲に、しま模様があったり、こぶの形があると、風や雨が強くなることがあるので、注意しましょう。

見分け方のポイント

空の中層（→p6）に一様に広がり、ほとんど模様がありません。太陽の光がとても弱くなり、太陽の形がぼんやりとしかわかりません。雲の色が真っ白なら上層の巻層雲、山をかくすようなら下層の層雲（→p16）や層積雲（→p20）、すき間がたくさんあったら高積雲の可能性があります。

いろいろな高層雲

▲高層雲のすき間に、上層の巻層雲や巻積雲が見えました。上層にもこうして雲がたくさんあるのは、低気圧が近づいているためです。

▲ほとんど模様のない、空一面に広がった高層雲です。雲があるかどうかもわからないほどです。層雲やスモッグなどでも似たようなようすになりますが、高層雲はそれよりもやや高い場所にできます。

高層雲のでき方

温暖前線（→p106）のように、広い範囲に暖かいしめった風が勢いよく入って、冷たい空気に乗り上げるように上昇すると、空に広く高層雲ができます。空気の上昇の仕方がちがう場所や、横から風がふく場所があると、雲の形が乱れて厚さが変わり、雲の色もちがって見えます。雲が厚く成長すると太陽がかくされ、だんだん空が暗くなっていきます。

●おぼろ月は雨

高層雲は低気圧が近づくときにできて、雨を降らせる乱層雲が発達する前に見られます。ということは、早くて1〜2時間、おそくても半日後には雨や雪が降る可能性があります。おぼろ雲がだんだん厚くなって、太陽や月が見えなくなってきたら、まもなく雨や雪になると考えてよいでしょう。

●こぶ状雲は大雨

こぶ状の形は、雲にたくさんの水分があり、今にも落ちてきそうなときに見られます。つまり、この後、大雨を降らせる可能性があるのです。こぶ状雲（乳房雲ともいいます）はほかの雲形でもできますが、水分の多い高層雲でよく見られます。高層雲の一部がこぶ状雲になっていたら、その高層雲は乱層雲へと発達して、たくさんの雨を長く降らせる兆候かもしれません。早いときは、1時間ほどで天気が急に変わることもあります。

雲の分類（p6）、乱層雲（p34）もチェック！ ▶▶

暗く、厚く空をおおう雲
乱層雲（らんそううん）〔あま雲、ゆき雲〕

▲乱層雲がやってきました。雲の下に見えるもやもやした部分が、雨または雪です。この雲の下では傘が必要な雨や雪になっていると考えられます。

しとしとと弱い雨が降り出したら、乱層雲がやってきた証拠です。雲からすじが下がっているように見えているのは、雨が降っている所です。雨や雪で雲の形が見えづらくなってしまうので、乱層雲の形をしっかりとらえることは難しいです。

▲高層雲（→ p30）が広がっていたと思っていたら、乱層雲に変わり、雨がぽつぽつと降ってきました。この後、だんだん雲が厚くなり、さらに雨の量が増えました。

▲厚い雲がだんだん下がってきて、空が暗くなりました。その後、弱い雨が降り出しました。

乱層雲の特徴

強くない雨が長く降っているときは、上に乱層雲があります。どしゃぶりのような強い雨やにわか雨は、主に積乱雲（→p12）によるものです。乱層雲の雨は降る時間が長くて傘が必要で、水たまりもできますが、決して激しい雨にはなりません。

しとしとした雨を降らせる

乱層雲は中層でできますが、雲が厚くなると上層や下層にも少しかかります。雲が厚くなると、雲の中で水や氷の粒（雲粒）がくっ付き合い、雨や雪になります（→p96）。しかし、積乱雲ほど厚くならないので、雨の粒が大きくならず、どしゃ降りにはならないのです。乱層雲は横に広がっているので、雨が降る時間が長くなり、半日以上続くこともあります。春や秋、梅雨のころなどに乱層雲の雨がよく降ります。乱層雲はふつう、西から東へ動いていきます。

見分け方のポイント

雨が降っているときは雲の形がよく観察できないので、雨が降り出しそうなときか、ぱらぱらと雨が降ってきたタイミングで、空を見てみましょう。高層雲（→p30）よりも厚く、やや暗い雲が空をおおっていたら、乱層雲です。雨や雪のすじが見える場合があります。飛行機から見ると下の方に見えます。

いろいろな **乱層雲**

▲乱層雲は、激しい雨を降らせる積乱雲ほど、厚くありません。そのため、雨の粒どうしがくっ付かないうちに、小さな粒の状態で降ってきます。雪も、あられやひょう（→p97）のように重くなることはありません。

乱層雲のでき方

しめった暖かい風がたくさんふいてくると、空気が上昇しやすく、高層雲がさらに厚くなり、上や下に広がって乱層雲になります。地上から見上げると、雲が下がってきたように見えます。雲の上の方は気温が低いので、氷の粒ができています。氷の粒は落ちてくるときに雲をつくっている水の粒とくっ付いて、雨や雪となって降ってきます（→p97）。

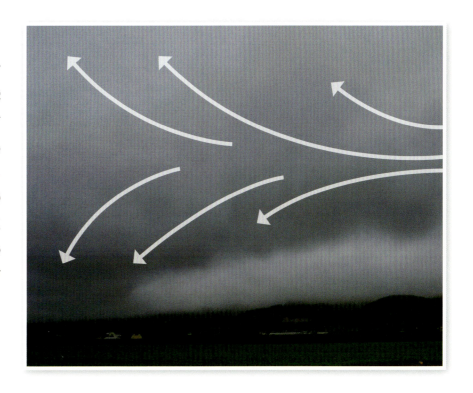

高層雲が厚くなって乱層雲に

右の写真をよく見てみましょう。左側にあって太陽をかくし、明るい灰色をしているのは高層雲です。そして、右の方にある暗い灰色の雲が乱層雲です。この乱層雲は、実は上の方にも広がり、高層雲よりも厚みがあります。このように乱層雲が発達すると、太陽の光をほとんど通さず、空が暗くなり、低くたれてきた雲から、雨や雪が降ってきます。

乱層雲は特に形が定まっていません。横にも上下にも広がった、灰色の巨大な雲なので、地上からはそのほんの一部だけが見えることになります。飛行機から見ると、太陽の光が当たって真っ白に見えます。

●雲からのすじは雨や雪

乱層雲からたれ下がっているすじは、雲から落ちてきている雨や雪です。ですから、この後、雨や雪が降ってくるサインになります。雨は速く落ちてくるのですじが直線的に、雪はゆっくり落ちてくるのですじが曲がっていることが多いです。また、途中で雨や雪が蒸発すると、すじが消えます。

雲の分類（p6）、高層雲（p30）、雨（p58、96）もチェック！ ▶▶

高い空にできるすじ状の雲
巻雲〔すじ雲〕

▲雲をつくる氷の粒は、その重さで少しずつ下がっています。この氷の粒が上空をふいている偏西風（→ p86）に流されると、すじになって見えます。この写真では、右から左へ偏西風がふいています。このように、雲の形で上空の風の向きを知ることができます。

すじ状の雲は、10種のなかでも巻雲だけです。とてもわかりやすいです。一番高い上層（→ p6）で、氷の粒が集まった雲が、風にたなびいています。巻雲にはいろいろな形があり、季節によっても形が少しずつちがいます。

▲写真のように、すじがとても長く、何本も平行してできることがあります。強い風がふく方向に雲がのびているのです。

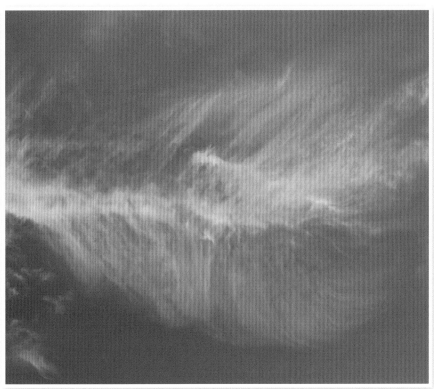

▲人間の背骨とあばら骨のような形をした巻雲です。右から左へ動きながら、両側へすじが広がったため、こんな形になりました。風に流されて、この形もすぐに変わります。

巻雲の特徴

巻雲は、氷の粒からできています。太陽の光を受けてかがやき、真っ白に見えます。そして、高い空の偏西風（→p86）に流され、さまざまな形になります。春と秋、夏とでは巻雲の形にちがいが見られます。巻雲は冬はあまり見られません。

低気圧や台風の接近を知らせる

低気圧（→p79）が近づくと、まず初めにできる雲です。さらに巻積雲（→p48）や高層雲（→p30）などが続いて発生したら、低気圧がかなり接近しています。また、台風（→p64、90）は風を周りから吸いこみ、上の方で風をふき出しますが、このふき出す風が巻雲をつくります。

見分け方のポイント

上層にあり、飛行機が飛ぶのと同じような高さにでき、すじのような模様があれば、巻雲にまちがいありません。すじの形は、真っすぐのびたり、曲がったり、もやもやしていたりと、さまざまです。高い空の風によって形は変化します。飛行機に乗ると、巻雲がすぐ横に見えることがあります。

いろいろな巻雲

◀綿毛のようなかたまりの巻雲です。巻積雲に似ていますが、周りにすじの模様があるので、巻雲です。

▲丸くかたまって、ほとんど動かない巻雲です。偏西風の弱い夏に多く見られます。

▲すじがたくさん並んだ巻雲です。巻層雲（→p44）のようにも見えますが、すじの模様がはっきりしているので、巻雲です。高い空にあり、風が強いため、このような形になりました。

巻雲のでき方

巻雲のある高さの気温はとても低く、−20〜−60℃くらいです。この気温では多くの雲の粒は、氷になっています（→p97）。氷の粒が、水蒸気とくっ付いて大きくなると、重くなって落ちてきます。そして、高い空の風に流されて、すじの模様になります。氷の粒はおたがい集まって、ふわふわとしたかたまりや、すじになります。すじの先の氷の粒は、水蒸気となって消えていきます。水の粒とちがい、氷の粒はゆっくりできて、ゆっくり消えます。そのため、巻雲は、その姿の変化をしばらく見ることができます。

▲落ちながら風にふかれて、すじになります。

▲きれいに並んで流れる巻雲です。低気圧や台風が近づくと、こうした並んだ巻雲が多く見られます。

▲夏は偏西風が弱いため、流されることなく、行き場のない巻雲が集まってただよっていました。

天気に注目

●すじ雲が並ぶと雨

すじ雲は、その形から、高い空の風の動きがわかります。もやもやとあちこちを向いているときは、高い空の風が弱くて、天気も変化が少ないでしょう。ところが、すじ雲が同じ向きに並んで、どんどん動いているときは、その後に雲が増え、低気圧がやってくる可能性が高いです。翌日か翌々日などに雨になることもあります。

雲の分類（p6）、台風（p64、90）
低気圧（p79）もチェック！　▶▶

太陽と雲がつくる芸術 1

太陽の光は、雲に当たって七色に分かれ、さまざまな美しい光の現象をつくります。
太陽の光が当たる角度や、雲の種類、見る場所などによって、観察される現象がちがいます。
ここでは、代表的なものを見ていきましょう（→ p52 も参照）。

彩雲

　彩雲とは、太陽の近くの雲が、虹のようにきれいに色づく現象です。雲の種類としては、巻積雲（→ p48）が多く、高積雲（→ p24）や積雲（→ p8）などでも見られることがあります。雲が消えていくときに、雲をつくる水の粒の大きさや間隔がきれいにそろい、そこに太陽の光が当たることで、太陽の光が分けられ、それぞれの色の光がちがう角度で曲がるために雲に色がついて見えるのです。太陽の近くの雲が彩雲になるので、観察するときは手や建物などで太陽の光をかくしたり、サングラスを使ったりしましょう。車の窓ガラスや水たまりに映った像を観察してもよいでしょう。

　彩雲は、日本人に古くから親しまれている現象です。太陽を雲が完全にかくしたときには、太陽の周りに小さく丸く、色のついた円が見えます。これは光環（→ p53）といい、彩雲と同じしくみで起こります。

ブロッケン現象

　山を歩いているとき、霧や雲が目の前に広がり、太陽の光でできた自分の影の周りに、虹色の輪ができる現象です。自分が動くと、影も虹色の輪とともに付いてきます。

　太陽の高さが低い、朝や夕方に見られます。また、飛行機の影が雲に映って、同じような現象が見られることがあります。

夜光雲（極中間圏雲）

　夜光雲はふつうの雲よりもずっと高い、高さ80km付近の中間圏（→p113）にできる特殊な雲です。夜空に、氷の粒が太陽の光を反射して青白くかがやきます。

　この写真は南極で撮影されたものですが、世界的に観測される回数が増えていて、日本でも2015年に北海道で撮影されました。

ベールのようにうすく空をおおう
巻層雲〔うす雲〕

▲太陽の周りにできた日暈です。虹ではありません。よく見ると、日暈の内側が少し赤っぽく見えます。月で同じような現象が見られる場合は月暈といいます。

雲がないように見えるほど、とても厚みのうすい雲です。小さな氷の粒でできています。氷の粒が太陽の光を反射して、とても明るく、白くかがやいています。太陽の周りに大きな光の円ができる「日暈」ができることもあります。

▲すじが見られる巻層雲です。巻雲（→ p38）の場合は、この写真のように全体的に雲が出るのではなく、ところどころにすじが出ます。巻雲と巻層雲は、氷の粒だけでできています。

▲巻層雲は高い空にあります。太陽がしずんでから10～20分後、きれいな夕焼けが見られることがあります。

巻層雲の特徴

青空にベールをかぶせたような、あわくかがやく雲です。うす雲や、うすぐもりというときは、ほとんどの場合、巻層雲が広がっていて、多くの場合、だんだんと天気が悪くなります。特に決まった形はなく、しま模様やすじのような模様が入ることがあります。巻雲（→ p38）や巻積雲（→ p48）と一緒に出ることも多いです。

小さな氷の粒でできた雲

巻雲と同じく、とても高い場所にあり、氷の粒（雲粒→ p97）が集まってできています。氷でできた雲は、雲粒どうしのすき間が広く、粒が太陽の光をよく反射するので、空が暗くならず、白っぽく光ります。雪も実際は透明な水の結晶ですが、太陽の光を反射して真っ白に見えるのと同じです。飛行機からも、きらきらとかがやいて見えることがあります。氷の粒は水の粒に比べて消え方がゆっくりで、雲全体の形もゆるやかに変化します。

見分け方のポイント

空があまり青くないと感じたら、よく見てみてください。巻層雲があるかもしれません。高層雲（→ p30）とまちがえることがありますが、巻層雲を通して見る太陽はまぶしく、日暈は高層雲にはできません。月の場合でも同様です。巻雲とのちがいは、広い範囲に広がっているかどうかです。

いろいろな巻層雲

◀ 空に広く巻層雲が広がっています。空は全体にやや青く、太陽はまぶしくかがやいています。

雲がないように見えますが、▶ よく見るとうすい巻層雲が広がっています。

巻層雲のでき方

高い空にしめった空気が入ってきて、気温がとても低いと、たくさんの氷の粒ができて、空に広がり巻層雲となります。氷の雲粒どうしはすき間が大きく、太陽の光を反射したり、屈折させたりしてかがやきます。水の粒は球形ですが、氷の粒は少しのびた六角形をしています。

氷の粒

▲巻雲と似ていますが、広がっているので、巻層雲だとわかります。まれに、どちらとも区別がつかないこともあります。

▲しま模様の巻層雲です。風がぶつかった空気が波のように上下にゆれて、風と直角方向に模様ができます。

天気に注目

●日暈、月暈は雨

太陽や月の周りに、やや大きな円の形の光が出る「日暈」や「月暈」は、巻層雲や巻雲で見られる現象です。日暈が見られた後に、巻層雲の下に灰色の低い雲が出てきて、空がだんだん暗くなってきたら、雨や雪が降る前兆です。

雲の分類（p6）もチェック！　▶▶

春や秋に多い、変化の激しい雲
巻積雲〔うろこ雲、いわし雲〕

▲太陽の手前にたくさんの小さな雲がありました。
巻積雲は、こうして白くかがやくことが多いです。とても小さい雲もあります。

巻積雲は、高い空にたくさんの小さな雲のかたまりができるのが特徴です。急にできたり、消えたりすることがあります。また、太陽や月の近くで色が付いたり、しま模様になったりと、いろいろな姿を見せてくれます。美しい朝焼け雲や夕焼け雲になります。

▲太陽の近くに、巻積雲のかたまりが並んで動いていきました。雲をよく見ると、少し色が付いています。これは彩雲（→p42）といいます。

▲巻積雲が二重になっているため、下側は巻積雲にしてはめずらしく灰色に見えています。上側の巻積雲は、月の光を受けてオレンジ色っぽく見えています。

巻積雲の特徴

空高く、うろこのような、小さな白いかたまりの雲がたくさんあったら巻積雲です。イワシの大群のようにも見え「いわし雲」ともいいます。高積雲（→ p24）とまちがえやすいですが、高積雲はもっと大きく、下の方が少し灰色です。巻積雲や高積雲は風に流されて、しま模様になることがあります。それが魚のサバの背の模様に似ているので「さば雲」と呼ばれることもあります。

巻積雲は雨をもたらすことも

ちょっと巻積雲が出ただけでは、なかなか雨になりませんが、巻積雲が空に広がって、巻層雲（→ p44）や高積雲などが出てきて、高層雲（→ p30）へと変化すると、まもなく乱層雲（→ p34）になって雨や雪が降ります。巻積雲が広がるかどうか、その後の雲の変化を見てください。巻積雲は天気が悪くならなくても出ることがあります。また、太陽に近づくと、色が付くことがあります。

見分け方のポイント

巻積雲のかたまりはとても小さく、うでをのばした先にある指でもかくれてしまうほどです。もし、指よりも大きいと、高積雲（ひつじ雲）の可能性があります。また、巻積雲は真っ白にかがやいていることが多く、下の方が灰色になっている高積雲とはちがいます。美しい朝焼け雲や夕焼け雲が見えたら巻積雲の可能性があります。

いろいろな**巻積雲**

▲小さな巻積雲が集まってレンズ状のやや大きなかたまりになりました。高積雲のようにも見えますが、周りの雲より高い上層にあるので、巻積雲だとわかります。

▲巻積雲の雲がたくさん集まってできています。全体が魚やイルカの形にも見えます。めずらしい形の巻積雲です。

▼しま模様の巻積雲です。高い空に強い風がふいているため、この後、天気が悪くなります。

▼巻層雲の下にある巻積雲です。白い巻層雲の手前で灰色に見えています。まさに低気圧（→ p79）が近づいているときに見られる空のようすです。

巻積雲のでき方

小さな雲粒(→p74)の1つ1つは、空気の上昇によってできています。つまり、巻積雲ができるときは、たくさんの空気のうずがあって、それぞれのうずの所に、それぞれ雲ができているのです。うずの流れがなくなると、小さな雲は消えます。雲ができるか消えるかで、全体の形も変わります。また、雲全体が風に流されていくことが多く、そのときは、しま模様になることもあります。

※空気の動きを表す矢印は雲の一部に入れています。

●うろこ雲が空一面をおおうと雨

うろこ雲が空をおおうように広がると、低気圧が近づいていることが多く、その後に高層雲や乱層雲がやってきて、じょじょに雨になります。すぐに雨になるわけではなく、翌日や翌々日に雨が降ることがあるので、注意しましょう。

●さば雲は雨と風

中層や上層のしま模様の雲は、「さば雲」とも呼ばれます。しま模様になっているのは、風が強くて、風が波のようになっているためです。風におされた空気が波のように上下にゆれるので、風と直角の方向に模様ができます。天気が悪くなるのが早く、風も強くなる心配があります。

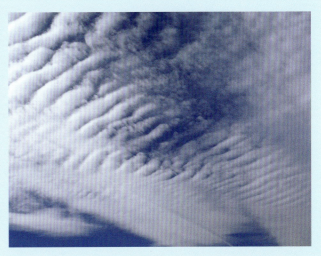

雲の分類(p6)もチェック!

太陽と雲がつくる芸術 2

太陽の光が雲の粒に当たると、きれいな虹色が見られます。これらの現象は、雲の種類や、太陽の高さ、太陽の光が当たる角度などによって変わり、名前が付いているものもあります。いくつかの例を見てみましょう（→ p42 も参照）。

幻日 ▲太陽の両側に、色の付いたかがやきができる現象をいいます。太陽の高さが低い、朝や夕方に多いです。氷の粒でできた、巻雲（→ p38）または巻層雲（→ p44）に見られます。

環天頂アーク

◀太陽が低い位置にあるときに、太陽の上の高い空に、虹色の逆さまのアーチができる現象です。巻雲や巻層雲にできます。

光環(こうかん)

▲太陽の前を巻積雲(けんせきうん)(→ p48)が通るときに、太陽の周りにきれいな虹色の円ができる現象です。虹色の円が二重、三重になることもあります。

環水平(かんすいへい)アーク

◀春から夏など、太陽の高度が高いときに、太陽と同じ方向の低い空の巻雲や巻層雲に虹色の帯ができる現象です。この写真は東京で見えたときのようすです。

霧の空

▲湖の上は空気がしめっているので、気温が下がる夜から朝にかけて、こうして霧ができることが多いです。太陽の光が当たると、周りの空気が乾燥するので、消えていきます。

気象の世界では、地面から少しでもはなれた大気の部分を「空」と呼びます。空に霧がかかりました。しめった空気が冷えたときにできやすく、夏から秋の朝に多く発生します。写真は湖面にできた霧です。霧は、水滴の集まりが地面や水面に付いたもので、成分は雲と同じです。

▲朝、湖の上に、とてもこい霧が出ました。向こうの岸は全く見えません。こい霧は交通にも影響をおよぼすので、注意が必要です。

▲湿原の池にできた、わずかな霧です。霧はこうした低い場所で発生し、太陽の光で暖められるとすぐに消えてしまいます。

> 霧のでき方（p100）もチェック！ ▶▶

風がふく空

▲ススキのほが同じ方向に流され、空にやわらかな風がふいていることがわかります。

空（地面からはなれた大気の部分）には、いろいろな方向や強さの風がふいています。風は空気の流れのことで、気圧の差があると発生します（→p78）。地形によって風が強くなる場所があるほか、発達した低気圧（→p79）や台風（→p64、90）の近くでも強くなります。

▲かわいた畑の上を、強い風がふき、土ぼこりが立ちました。目を開けていられなくなります。土が火山灰でできている関東では、冬や春に土ぼこりが発生します。

▲強い風が山をこえていくときのようすです。木が激しくゆれています。地形によって、同じ場所を通ったり、急にふいたりする風もあります。

> 大きな風の流れ（p78）もチェック！　▶▶

雨の空

▲道路の先が見えなくなるような大雨が降っているようすです。
積乱雲（→ p12）が発達すると、強い雨が降ることがあります。

雨が降っている空（地面からはなれた大気の部分）のようすを観察してみましょう。雨は雲から落ちてくる水滴です。雨が強いと、たくさんの雨のすじによって遠くが見えなくなります。また、みぞや低い場所に大量に流れこむので、水があふれ、大きな被害をもたらすことがあります。

◀黒っぽい建物の前では、雨の降っているようすがよくわかります。風が強いと、雨のすじがななめになります。この写真を撮影したときは雷（→p66、94）も鳴っていました。

◀冬になろうとするころ、ぱらぱらと一時的に弱い雨が降ることがあります。このような雨を「しぐれ」といいます。雨が弱いので、雨粒が少なく、雨のすじも短いのが特徴です。

◀雨がもたらす光の現象に虹があります。虹は、雨があがって太陽の光がさすと、太陽と反対側にできます。虹ができている場所は、まだ雨が降っています。虹は朝や夕方に多く見られます。

積乱雲（p12）、雨と雪のでき方（p96）、地球をめぐる水（p102）もチェック！ ▶▶

雪の空

▲冬の山の中、空から大きなかたまりの雪が降ってきました。
雪は氷の結晶(けっしょう)で、結晶になるときの温度や湿度(しつど)によって形が変わります。

雪は、小さな氷が降っているものです。目に見えないほど小さな粒もあれば、数cmもある大きなかたまりになることもあります。暖かいと、空から落ちてくる途中で雪がとけて雨になります。冬は気温が低いので雪のまま降ってくることが多いです。

◀ 太陽の光を反射して白くかがやく雪ですが、降るときは太陽の光をさえぎってかげをつくるので、灰色に見えます。

◀ 降った雪はさまざまな場所に積もります。かれ木に雪が付いて、白くかがやくこともあります。

◀ 大雪が降り、神社が半分うまってしまいました。春、暖かくなって雪がとけると、田畑の大切な水になります。

雨と雪のでき方（p96）もチェック！ ▶▶

竜巻の空

▲アメリカのネブラスカ州で発生した竜巻です。
アメリカでは、巨大な積乱雲から大きくて激しい竜巻ができます。

写真：Aflo

竜巻は、雲に向かって上昇する大きな空気のうずで、強い風で建物などを破壊してしまうこともあります。大きな積乱雲（→p12）の下で起こります。アメリカでは激しい竜巻がひんぱんに起こります。アメリカほど強力ではないですが、日本でも強い竜巻が発生することがあります。

▲竜巻ができる前、ろうと（液体を移すときなどに使う道具）のような形をした「ろうと雲」が発生します。

▲竜巻は海の上で発生することもあります。水しぶきが上がっています。このような小さな竜巻でも被害が出ることがあります。

竜巻のでき方（p88）もチェック！ ▶▶

台風の空

台風の目

▲国際宇宙ステーション（ISS）から見た台風です。うずの中心に台風の目が見えています。

台風は、赤道近くの暖かい海で生まれる熱帯低気圧（→p79）が、発達したものです。熱帯低気圧の風速が1秒間におよそ17mをこえると、台風になります。周りから暖かいしめった風が、大きなうずとなって入り、強い雨や風を起こします。真ん中に雲の少ない「目」があります。

▲ 2015年7月16日の台風11号のようすです。時計と反対向きに回転しながら、日本列島に向かっています。九州や四国の面積よりも、ずっと大きいことがわかります。

▲ 2016年8月に発生した2つの台風です。2つの台風どうしが近づいています。こうしたときは、おたがいの力によって、複雑な動きをすることがあります。

画像2点：NASA Earth Observatory

台風のでき方（p90）もチェック！ ▶▶

雷の空

▲はなれた場所に同時に、2つの雷が落ちました。右の雷は、ななめにのびています。雷は真っすぐ下に落ちるとは限りません。

雷は、積乱雲（→p12）の中でたまった電気が、雲の中や地面との間を一瞬のうちに流れるものです。そのとき、空気が熱くなって光るとともに、空気がふくらんで大きな音が出ます。いつどこに落ちるかわからないので、安全な場所に避難する必要があります。

▲送電線の近くに雷が落ちたようすです。電線に落ちて、停電になることもあります。

▲雷との距離を知って、避難などに備えることも大切です。雷が遠くで発生した場合は、距離を計算してみましょう。雷が光ってから音が聞こえるまでに3秒かかれば約1km、9秒かかれば約3kmはなれています。

雷のでき方（p94）もチェック！ ▶▶

空の観察日記をつけてみよう

空は毎日ちがい、時間ごとにも変わっていくので、日記に記録してみましょう。続けていると雲の種類や天気の変化がわかるようになります。文字で記録したり、スケッチをしたり、写真をとるなど、自分なりのやり方で続けましょう。

観察する位置を決めよう

自宅の窓やベランダ、庭など、できれば同じ場所で観察を続けると、比較がしやすくなります。場所が決まったら、方位磁石などで方角を確認して、記録しておきます。また、太陽の位置は時刻で変わります。観察する時刻も決めておきましょう。気温をはかる温度計、風の強さを見るもの（棒の先にやわらかいビニールひもを付けてもよい）などがあると、さらに充実した気象観察になります。雨や雪、風の強い日は、安全な場所で記録をとりましょう。

▲高いビルなどがなく、空が広く見える場所が観察に適しています。

日記にまとめよう

いつ（時刻）、どこで（住所）、どの方角の空を観察したのかなどを、記録します。天気や気温、もしわかれば風のようすも書きましょう。空にはどんな雲があって、どの方角へ動いていたのかを、よく見て記録します。その日の新聞やインターネットの天気図もはっておきましょう。また、写真をとって、実際の空を記録するとよいでしょう。

天気を書く 雲を観察した日の天気や気温、観察したときに感じた風のようすなどを書いておきましょう。

日付けと時刻を書こう
年月日と時刻を必ず記録しましょう。気象庁発表のデータと比べたりするときに役に立ちます。

天気図（→p130）
新聞やインターネットにのっている天気図を、あわせて記録しておきましょう。この後天気がどのように変化するのかを知る手がかりになります。

空のようす
空を見上げて、気が付いたことを書きとめておきます。また、天気がどのように変化するか、予想ができる場合は予想も書いておきましょう。

写真にとっておこう 空のようすは、毎回写真におさめるとよいでしょう。写真をきれいにとるコツはp69を参考にしてください。

空や雲のきれいな写真のとり方

使用するのは、使いなれているカメラでよいですが、青空や、大きな白い雲は、光の加減できれいに写らないこともあります。うまく写らないときは、カメラの設定を変えてみましょう。また、できるだけ空の広い範囲をとりましょう。写真の下の方に、いつも同じ建物や木などを写しこんでもよいでしょう。

•撮影モードを設定しよう

空の明るさは変化するので、オートモードにしておくのがおすすめです。明るさの設定は、自分の目で見た空の色に近い色になるようにします。昼間は感度（ISO）を一番小さい数字に合わせておくと色がよく出ます。暗くなったら感度を上げます。

•写真は水平にとろう

カメラの向きは、地面と水平になるようにします。水準器が付いている場合は、それを利用しましょう。雲や雨などの方向で、風の向きなどを知ることができるので、画面を水平に保つことが大切なのです。

▲地面に対してカメラがかたむいています。　▲地面とカメラが平行で、空のようすがよくわかります。

•遠くの景色でピントを合わせよう

ピントがうまく合わない場合は、遠くの景色でピントを合わせてから撮影します。また、マニュアルフォーカスにして、目で見て合わせるか、無限遠（∞）の目盛りがあれば、それに合わせると、だいたい空にピントが合います。

▲手前にピントが合ってしまっていて、空がぼやけています。

▲遠くの景色にピントが合っていて、空がはっきり見えます。

•ホワイトバランスを太陽光に合わせよう

昼間の空は太陽の光で見えています。カメラの「ホワイトバランス」という項目も、太陽の光に近い色が出るような設定（太陽光、晴天など）を選んでおきましょう。目で見た色に近く、朝焼けや夕焼けなども、自然な色になります。

▲ホワイトバランスを調節しないと色が変わってしまいます。　▲ホワイトバランスを太陽光に合わせて調節すると、見ている空と同じような色の写真をとることができます。

•スマートフォンや携帯電話でもきれいにとれる

最近のスマートフォンや携帯電話は、カメラの性能が良くなり、デジタルカメラのようにきれいにとることができます。ななめにならないようにし、ズームなども利用しましょう。明るさや色は、変えられるものと変えられないものがあります。カメラが小さいので、ピントはほぼすべてに合います。

▲富士山に笠雲（→p28）がかかっていたので、スマートフォンを横に向けて、そのままとりました。

▲夕焼けの写真です。設定を変えることができたので、色の設定を太陽光に合わせてとりました。

こんな空のときは、しばらく変化をながめてみよう

　大きなにゅうどう雲（→ p8）がもくもくと成長しているときや、雲が流されているときなどは、少し時間がたつだけで空の見え方がかなりちがってきます。雲の形は、雲の動きと関係していることが多いのです。雲の変化をスケッチするか、写真に残しましょう。朝や夕方は、空の色の変化にも注目しましょう。また、雨上がりで虹が出そうなときや、虹が出ているときも、どうなるかしばらく見ていましょう。

にゅうどう雲が育っているとき

　にゅうどう雲は、観察しているとあっという間に形が変わっていきます。丸くなっている所は、雲がふくらんで大きくなることが多いです。小さな積雲（→ p8）も、30分ほどで積乱雲（→ p12）になることがあります。急な雨や雷、強い風に注意して、危険を感じたら、観察はすぐに中止します。

▲にゅうどう雲がビルの上に、もくもくと見えてきました。この後、どうなるか見ていきましょう。

▲にゅうどう雲は右の方へ移動しながら、上にのびていきました。急に雨が降ってくるかもしれません。

すじ雲（巻雲）が流れているとき

　長くのびたすじ雲（→ p38）は、高い空の風に流されて動きます。春、秋、冬は、高い空に偏西風（→ p86）がふくことが多く、すじ雲が流されやすくなります。ゆっくり動いているように見えても、実際は数分間でかなりの距離を移動します。こうした観察から、高い空の風の向きや強さがわかります。

▲海の上にすじ雲が発生しています。この後、どちらに流れていくでしょうか。

▲3分後、すじ雲は右下の方へ動いていました。少しずつ落下している氷の粒が風にふかれてなびくので、雲が移動する向きと反対側にすじがのびていることが多いです。

第2章
気象現象のしくみを知ろう

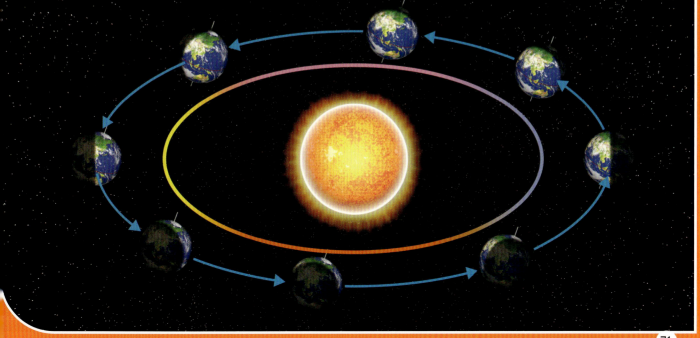

雲と風の関係

複雑な風がふく空のようす

目には見えませんが、空では、さまざまな方向から風がふいています。風の強さや向きは気温や気圧（→p77）、湿度、さらに地形などからも影響を受け、とても複雑になっています。

高さと風向きで変わる雲

右の写真は梅雨時によく見られる空のようすです。低い空にはしめった空気が入り、積雲ができています。高い空には偏西風に流された巻雲があります。

積乱雲
上昇気流で十数kmの高さまで発達します。成層圏（→p113）に届くと水平方向に広がります。
積乱雲（→p12）へ

竜巻
積乱雲に向かって上昇する強い風が、うずとなって地面まで下りてきます。
竜巻（→p88）へ

強い雨
積乱雲の底は地表から2km以下と低い所にあり、その下では強い雨が降ります。

上昇気流
上に向かう空気の流れ。雲をつくり、やがて雨を降らせます。
上昇気流（→p76）へ

風が強い日に空を見上げると、雲が動いているのがよくわかります。高い空の雲を観察してみると、みなさんがいる地表付近の風の向きとはちがう方向に動いていることも少なくありません。雲の動きと風にはどのような関係があるのでしょうか。

偏西風
中緯度地帯（北緯30～60°、南緯30～60°）の上空2～12kmで、ふつう、西から東に向かってふく風です。
偏西風（→ p86）へ

高層雲
低気圧（→ p79）が接近したときに現れやすい灰色の雲です。
高層雲（→ p30）へ

乱層雲
雨や雪を長い時間降らせる分厚い灰色の雲です。
乱層雲（→ p34）へ

谷風
昼間、山の斜面を頂上に向かってふき上がる風です。
谷風（→ p85）へ

山風
夜、山の斜面を谷から平野に向かってふき下ろす風です。
山風（→ p85）へ

海風
海岸沿いで晴れた昼間、海から陸に向かってふく風です。
海風（→ p84）へ

陸風
海岸沿いで晴れた夜に陸から海に向かってふく風です。
陸風（→ p84）へ

地球によってできる風（p84）もチェック！ ▶▶

雲のでき方

雲にはさまざまな形があり、大きさやできる高さもちがいますが、いずれもたくさんの小さな水や氷の粒の集まりで、大きな雲の重さは数十 t もあります。雲はどのようにしてできるのでしょう。
※1t は 1000kg です。

ちりに水蒸気がくっ付いてできた雲粒 ▶

ちり
水の粒

③ちりと結び付いて雲になる
水蒸気は温度が下がると気体でいられなくなり、ちりにくっ付いて水の粒（雲粒）になります。たくさんの雲粒の集まりが雲です。

②空気がふくらんで冷える
上空では気圧（→ p77）が下がるため、上昇した空気はふくらんで温度が下がります。

水滴

コップに氷水を入れると、周りの空気の温度が下がり、空気中の水蒸気は水の粒、つまり水滴になります。

水蒸気
ちり

◀暖められた空気

①海の水が暖められる
太陽の光で暖められた海水が蒸発して水蒸気になり、上昇気流（→ p76）に乗って空に上がっていきます。

▲上昇気流

▼海

氷晶
（氷の雲粒）

⑤雪の結晶ができる

氷晶に水蒸気がたくさんくっ付くと、雪の結晶になります。

④氷の雲粒ができる

さらに雲が上昇して上空の気温が−20℃以下になると、水がこおった「氷晶」という氷の雲粒ができます。

⑥雪の結晶が雪になる

雪の結晶が成長して重くなると、雪として地上に向かって降ります。

⑦雪がとけて雨になる

雪が落下して、気温1〜3℃の所までくると、とけて雨になります。

雲の色は何色？

青空にある雲は白く、雨を降らせる雲の多くは灰色に見えますが、実際は雲に色は付いていません。青空の雲が白いのは雲粒が太陽の光をたくさん反射するからです。雨を降らせる雲は厚く太陽の光をさえぎるので灰色に見えます。

▲太陽の光が当たらない雲は灰色です。

▲朝日や夕日が当たると、黄色く見えることもあります。

雲は上昇気流という風によってできます。では、いったい風はどのようなしくみでふくのでしょう。次のページを見てみましょう。

雲はなぜ消える？

雲が消えるのは周りの空気が乾燥しているためです。乾燥して空気中の水蒸気量が減ると、雲粒から水蒸気が蒸発して出ていきます。すると雲粒がだんだんなくなっていき、雲が消えていくのです。

▲空にうかんでいる積雲。

▲雲粒が減って、消えそうな雲。

雲ができやすい場所（p80）もチェック！

雲を動かす風〔上昇気流、下降気流〕

大気中にはさまざまな風がふいていますが、特に雲との関係が深いのが上昇気流と下降気流です。上昇気流は上に向かう空気の流れで、雲をつくる風です。一方、下降気流は下に向かう空気の流れで、上昇気流とは反対の働きがあります。2つの風の働きについて見てみましょう。

上昇気流、下降気流のしくみ

熱気球にはエンジンがありませんが、空中にうかびます。これは、空気の性質を利用しているためです。空気は、暖められるとふくらむ性質があります。ふくらんで体積が増えた分だけ、空気の密度が小さくなるので、暖められていない周りの空気よりも軽くなり、上昇していきます。この空気の流れを「上昇気流」といいます。気圧（→p77）の低い上空に上がった空気は、冷やされて雲をつくります。

一方、空気は冷やされると縮む性質もあります。上空で冷やされた空気が縮むと、体積が減って密度が大きくなるので、周りの空気よりも重くなって下降していきます。これが「下降気流」です。台風の中心にある「台風の目（→p91）」は下降気流によってつくられます。

▲**熱気球**
気球の中をガスバーナーで暖めると、中の空気が軽くなってうかびます。

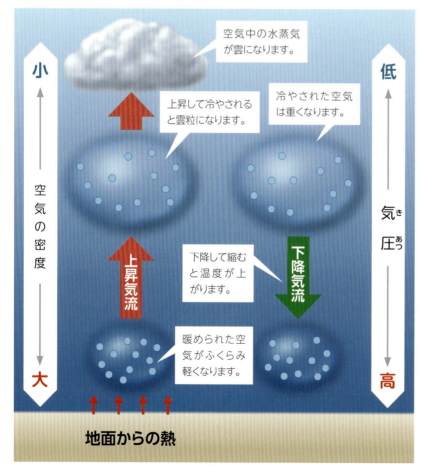

▲**台風の目** 写真：NASA
上空の冷たい空気が、台風の中心に落ちこんで、目のような穴があきます。

フェーン現象

　フェーン現象は、かわいた暖かい風が山からふき下ろしてくる気象現象で、上昇気流と下降気流が深く関係しています。

　風が山の斜面にぶつかると上昇気流になり、地表近くの水蒸気をふくんだ空気を上空におし上げます。上空で冷やされた空気は、雲になり雨を降らせます。雨が降った後は、雲がなくなり、かわいた空気が、下降気流として斜面沿いに下りていきます。このとき、空気がおし縮められて密度が大きくなると、気温が上がるのです。

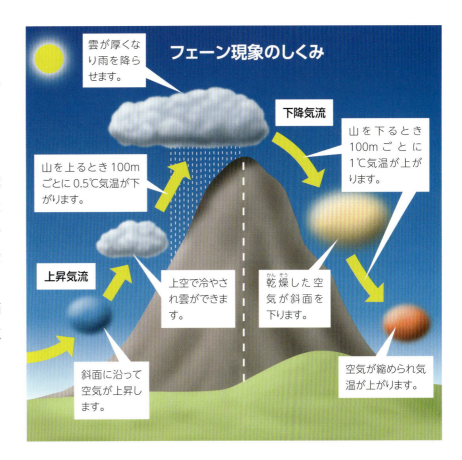

フェーン現象のしくみ

- 雲が厚くなり雨を降らせます。
- 下降気流
- 山を下るとき100mごとに1℃気温が上がります。
- 山を上るとき100mごとに0.5℃気温が下がります。
- 上空で冷やされ雲ができます。
- 乾燥した空気が斜面を下ります。
- 上昇気流
- 斜面に沿って空気が上昇します。
- 空気が縮められ気温が上がります。

空気の密度を示す「気圧」

　ふだんは感じませんが、空気にも重さがあります。そして、地球上にあるすべてのものは空気の重さの分だけ、あらゆる方向からおされています。この力を「気圧」といいます。

　気圧は常に変化していて、場所によって大きく異なります。特にわかりやすいのは高い山の頂上で、そこでは、持って行ったおかしのふくろがパンパンにふくらむことがあります。高度が上がると気圧は下がります。すると、外からふくろをおす力が弱くなり、ふくろの中の空気がふくらむ（＝気圧が下がる）のです。

- 山の頂上：高い所は空気の量が少ないので、気圧は低いです。
- 外の気圧が下がると、中の空気が外側に広がろうとする（気圧が下がる）のでふくらみます。
- 地表や海面：多くの空気で上からおされるので、気圧が高いです。
- ふくろの中の気圧は外の気圧と同じになっています。

雲ができやすい場所（p80）もチェック！ ▶▶

大きな風の流れを生む 高気圧と低気圧

高気圧と低気圧のちがいは空気の量です。高気圧は周りよりも「気圧が高い」場所で、空気の量が多くなっています。低気圧はその逆で、空気の量は周りよりも少ないです。

高気圧と低気圧は風と深い関係があります。高気圧がある場所では、上空で冷えた空気が下降気流となり地表にふき付けます。地表で空気は横に広がり、気圧が低い場所に流れこみます。このとき大きな風の流れができます。

高気圧は晴れやすい

高気圧のある場所には下降気流があります。周りよりも多くなった空気が下りているためです。下降気流は気温を上げて空気を乾燥させるので、雲ができにくくなります。

ワンポイント

▶ 等圧線ってどんなもの?

天気図(→p130)にかかれている曲線は等圧線といい、気圧の状態を見やすく示したものです。1つの線は同じ気圧の所を結んでいます。等高線が土地の高低を表すように、等圧線は気圧の高低を表しています(→p132)。

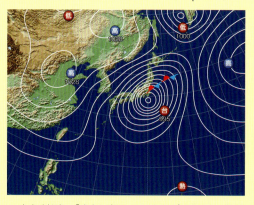

▲中心付近に「高」と書いてあるのが高気圧。「低」と書いてあるのが低気圧です。

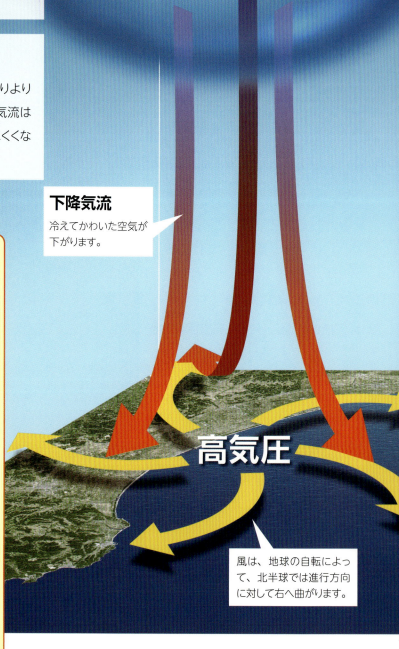

上空では周りから空気が集まり、下がっていきます。

下降気流 冷えてかわいた空気が下がります。

高気圧

風は、地球の自転によって、北半球では進行方向に対して右へ曲がります。

2種類の低気圧

温帯低気圧
温帯で、暖かい空気と冷たい空気がぶつかったときにできます。2つの空気の境には雨を降らせる前線ができます（→p107）。

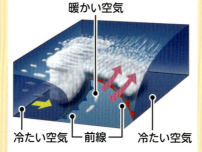

熱帯低気圧
熱帯の海上で発生する低気圧で、強い雨と風をともないますが、前線はできません。発達すると台風になります。

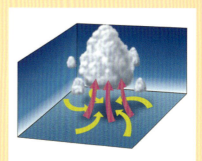

上空では、地表とは逆に低気圧から高気圧に向かって風がふきます。

雲をつくる低気圧
低気圧は空気が少ないため周りから空気が流れこみ、上昇気流ができます。同時に上がった空気中の水蒸気も、上空で冷やされて雲になります。

上昇気流
暖かい空気が上がり、雲ができます。

地上で風がふく
高気圧からふき出した空気が、空気の少ない低気圧に向かって流れこみます。これが地表付近の風です。

低気圧

北半球では反時計回り、南半球では時計回りに周囲の空気がふきこみます。

●暖かくしめった風は雨
湿度が高い夏の日、ジメジメした風がふいたら雨に注意です。水蒸気を多くふくむ空気が上昇すると、雨を降らせる雲になりやすいからです。このとき、上空に冷たい空気があると積乱雲（→p12）になりやすく、局地的な大雨になることもあります。

▲天気予報で「暖かくしめった空気」「上空の冷たい空気」と聞いたら強い雨に注意です。

上昇気流 と下降気流（p76）、台風（p90）、前線（p106）、天気図（p130）もチェック！

雲ができやすい場所

　雲は、上昇気流（→p76）で上がった空気が上空で冷やされるとできます。つまり、雲ができる場所は低気圧（→p79）があるなど、上昇気流が発生しやすい場所といえます。また、上昇気流が強いと、雲はどんどん高く成長します。どのような場所で上昇気流ができるのか、見てみましょう。

暖められた地面

　夏、アスファルトの道路が熱くなるのは太陽の熱を吸収するためです。地面が暖まると、すぐ上の空気にも熱が伝わります。暖められた空気は、ふくらんで軽くなり、上昇気流となって上がっていきます。

▲地面に接した空気が強く暖められると、光の屈折の影響で遠くに水があるように見える「逃げ水」という現象が起きます。

風が当たる山の斜面

　風におされた地表近くの空気が山に当たると、斜面に沿ってそのまま上がっていきます。これも上昇気流の一種です。風によっておし上げられた空気は上空で冷やされて気温が下がり、雲をつくります。

▲空気が山の斜面を上がると、冷やされて雲ができます。

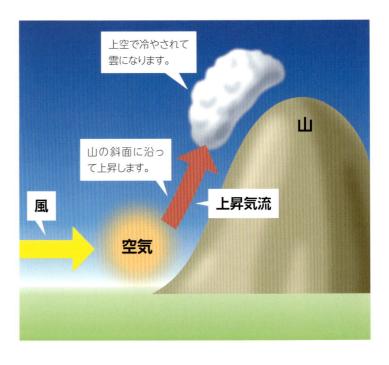

暖かい空気が冷たい空気に乗り上げる場所

　暖かい空気のかたまりと冷たい空気のかたまりは、ぶつかっても簡単には混ざりません。暖かい空気の勢いが強いと冷たい空気の上に乗り上げ、その結果、上昇気流ができます。このときの2つの空気の境目を温暖前線（→p106）といいます。

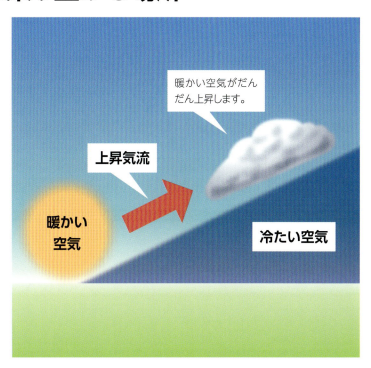

▲暖かい空気が空をななめに上昇し、下〜上層を通るので、さまざまな雲ができます。写真は高層雲（→p30）です。

冷たい空気が暖かい空気の下にもぐりこむ場所

　空気のかたまりがぶつかったとき、冷たい空気の勢いが強いと暖かい空気の下にもぐりこみます。暖かい空気のかたまりは急な角度で上昇するので背の高い積乱雲（→p12）などの雲が発生します。このときの空気の境目が寒冷前線（→p106）です。

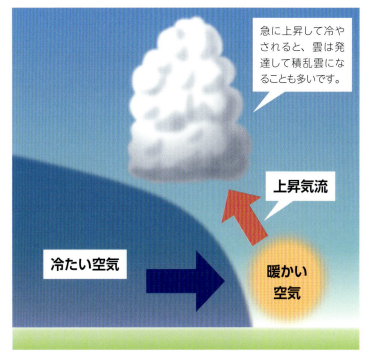

▲寒冷前線の上にできた積乱雲の底。今にも強い雨が降り出しそうです。

> ▶ **なぜ雲は落ちてこない？**
> 　雲粒（→p74）の集まりである雲が空にうかんでいられるのは、下から上昇気流でおし上げられているからです。雲粒そのものは、ふつう1秒間に1〜2cmのゆっくりした速度で落ちています。あまりに速度がおそいため、遠くから見ているわたしたちにはわからないのです。

◀1秒間に1cm落下すると、1時間で36m。遠目では落ちているようには見えません。

上昇気流（p76）、低気圧（p79）、前線（p106）もチェック！ ▶▶

風がなくてもできる雲!?
飛行機雲、ロケット雲

一般的な雲は、上昇気流の働きで発生（→ p80）することがわかりましたね。

実は、飛行機雲やロケットが飛んでいくときにできる雲は、ふつうの雲とは少しでき方がちがいます。

これらは人工的につくられる雲なのです。

▲**ロケット雲**　ロケット雲は、燃料の液体酸素と液体水素が燃えたときに出る大量の水蒸気が水滴になったものです。写真は2014年12月3日、小惑星探査機「はやぶさ2」を乗せたロケットが発射されたときのようすです。

▲**飛行機雲** 旅客機が約1万mの高さを飛んでいるとき、排気ガスにふくまれる水蒸気がちりとくっ付いて冷やされると、氷の雲粒（→p74）ができて飛行機雲になります。低い位置では気温が高いので飛行機雲はできません。また、周りの空気が乾燥しているとすぐに消えてしまいます。逆にいつまでも残っている場合は、空気がしめっているので、この後、雨が降る可能性があります（→p135）。

ペットボトルの中に雲をつくろう!

雲ができる原理がわかったら、線香の煙を雲粒の「ちり」にした、雲をつくってみましょう。火を使うので十分注意して、大人と一緒に実験しましょう。

用意するもの: お湯（約50℃のもの）100mL、温度計、500mLのペットボトル（表面が丸くなめらかなもの）、線香(1～2本)、マッチ（またはライター）、マッチを消すための水入れ

❶ 50℃に調節したお湯を100mL用意します。

❷ ❶のお湯をすべてペットボトルに入れます。

❸ 線香に火をつけます。煙が出たら線香の先を5～6秒ペットボトルに差しこんで、煙を入れます。

❹ ふたをして、煙が消えるまでペットボトルを上下にふります。

❺ ペットボトルを写真のように持ち、つぶすようにへこませます。ペットボトル内の気圧は急に高くなります。

❻ ぱっと力をぬくと中に雲ができます。元にもどったペットボトル内の気圧が急に下がったため、中の温度も下がり、雲ができたのです。

地形によってできる風

風は、気圧の差から発生する空気の流れ（→ p78）ですが、気温や季節、時間、さらに地形のちがいによって、ふく向きや強さはちがいます。ここでは地形の影響を受けてふく風を紹介します。

海風と陸風（海陸風）

高気圧（→ p78）におおわれておだやかに晴れた沿岸部では、昼間は「海風」、夜は「陸風」が発生します。2つの風はまとめて「海陸風」とも呼ばれます。どちらの風も海と陸地の暖まりやすさが異なるためにふきます。

海風（昼）

水は「暖まりにくく、冷めにくい」という性質があるので、昼間は海よりも陸地の方が早く暖まります。すると、陸地の空気は軽くなって上昇気流（→ p76）が起こり、その分だけ海よりも空気がうすくなります。そして、空気は海の上から陸地に向かって流れこみます。この空気の流れが海風です。

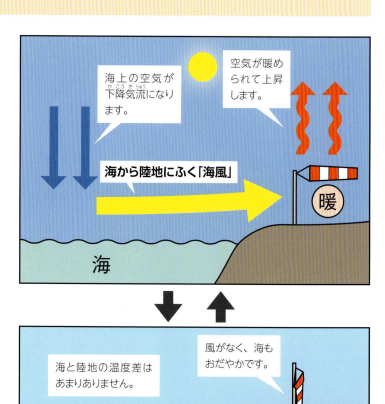

なぎ（夕方・朝）

昼の海風がふきやむと、海と陸地はほぼ無風になり、波もおだやかになります。この状態が「なぎ」です。夜から昼に切りかわるときを「朝なぎ」、昼から夜に切りかわるときを「夕なぎ」といいます。

陸風（夜）

夜、晴れると陸地では地表の熱が大気中へにげる「放射冷却」が起こります。気温がどんどん低くなるので重くなった空気が地表にたまります。一方、海は温度が下がりにくく、陸地よりも暖かいため、上昇気流によって気圧が下がり、昼間とは反対に陸地から海に向かって空気が流れます。これが陸風です。

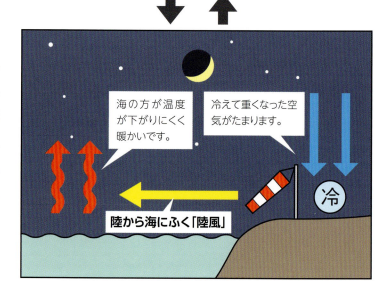

山風と谷風（山谷風）

山間部でも、暖まりやすさや冷めやすさのちがいから、ふく風の向きが昼と夜で変わります。昼間は谷に沿ってふき上がる「谷風」、夜になると尾根や山頂からふき下ろす「山風」がふきます。2つの風はまとめて「山谷風」といいます。

谷風（昼）

昼間、山の斜面が太陽の光で暖められると、斜面に接している空気は軽くなるため、上昇していきます。すると、付近の空気がうすくなり、谷底に沿って山をふき上がる谷風がふきます。谷風は日の出の後、しばらくしてからふき始め、日没後にはやみます。

山風（夜）

夜は、「放射冷却」によって、山の斜面に接している空気が冷えて重くなります。重くなった空気は斜面をかけ下りて、谷底を下に向かってふき下ろす山風がふきます。山風は日没後しばらくしてからふき始め、日の出後にはやみます。

▶ 季節風はスケールの大きな海陸風のよう

▲夏の季節風は6～8月ごろに太平洋上から大陸に向かってふきます。

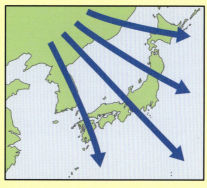

▲冬の季節風は10～3月ごろに大陸から海に向かってふきます。

海陸風と山谷風は、海と陸地、山と谷の気温差によって発生して1日のうちにふく向きが変わります。これが大規模になり、季節ごとにふく向きが変わるのが「季節風」です。東アジアから南アジアにかけてよく見られ「モンスーン」とも呼ばれています。

夏は、大陸が暖められて、季節風が海から陸に向かってふきます。冬は大陸が冷えて、高気圧が発生するので、夏とは逆に季節風が大陸から海に向かってふきます。

上昇気流 と 下降気流（p76）、日本の季節をつくる気団（p104）もチェック！

地球規模の大きな風の流れ

風は、気温や地形などの影響を受けて各地でふいています。一方、地球規模でも「偏西風」や「貿易風」という大きな風の流れがあります。これらの風はどのようなしくみでふくのでしょうか。

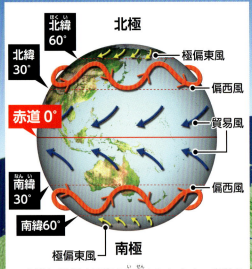

▲赤道に平行する線を緯線といいます。赤道を0°として、北極、南極までがそれぞれ90°に分けられます。南半球、北半球のそれぞれを低緯度（0°〜30°）、中緯度（30°〜60°）、高緯度（60°〜90°）の大きく3つの地帯に分けることがあります。

地球規模の風は3種類

地球規模の風は大きく分けて3種類あります。北極と南極の周辺でふく「極偏東風」、北半球と南半球の中緯度地帯でふく「偏西風」、赤道付近の低緯度地帯でふく「貿易風」です。これらは地球の自転の影響により、赤道を境に北半球と南半球で対称にふきます。

偏西風

北半球では北緯30〜60°付近を西から東へ、南半球でも南緯30〜60°付近を西から東に向かってふきます。緯度が高い地域と低い地域の気温差によって発生し、自転の影響で南北にうねりながら地球を1周しています。

ジェット気流

偏西風は、高度10km付近までは、高度が増すごとに風速が速くなり、最大で毎秒100mに達します。特に風の強い所をジェット気流といいます。冬は日本付近でも勢いが強まり、日本の気候にも大きな影響をあたえます。

偏西風の影響で西から東に流れる雲

日本は偏西風がよくふくので、上空では西から東へ風がふきます。そのため、高い位置にある巻雲(→p38)や巻層雲(→p44)は、多くの場合、西から東に向かって流れます。また、日本付近の低気圧(→p79)や高気圧(→p78)も偏西風に運ばれて西から東に動くので、天気は西から変わります。

▲▶空の高い位置を西から東に流れている巻雲(右)と巻層雲(上)。

ワンポイント

▶北極上空から見た偏西風の形

偏西風は南北に大きく蛇行しながら地球を1周していますが、そのうねり方は一様ではなく、季節によっても変化しています。北極周辺の冷たい空気のかたまりの勢いが強い冬には南側に移動し、赤道付近の暖かい空気のかたまりの勢いが強まる夏には北側に移動します。そのため、偏西風が南の方に大きく蛇行すると、その地域には非常に冷たい空気が流れこんで、寒波などの原因となります。

偏西風

偏西風がふく範囲は高さ2～12kmです。幅は1000～2000kmもあります。

高気圧(p78)、低気圧(p79)、台風(p90)、雲の動きからわかること(p116)もチェック! ▶▶

竜巻のでき方

竜巻は発達した積乱雲（→p12）の底から地表に向かってのびた、ろうと（液体を移すときなどに使う道具）のような形をした空気のうずです。地上付近では非常に強い風がふき、自動車や家などもふき飛ばしてしまうほどの強いエネルギーを持っています。

地面に向かってのびた竜巻によって、砂などが巻き上げられます。

竜巻

写真：amanaimages

ろうとのような雲が積乱雲の底から下にのびる

竜巻は、積乱雲の下に発生します。積乱雲の中には強い上昇気流（→p76）がありますが、地表付近で向きのちがう風がふき、風の行きちがいなどが起こると、小さなうずが発生し、このうずが積乱雲に向かって上っていきます。その結果、気圧が下がり気温も下がるため、積乱雲の底に「ろうと雲」ができ、それが地表までのびると竜巻になります。

▶竜巻をともなう積乱雲は、強い雨やひょう（→p97）を降らせます。

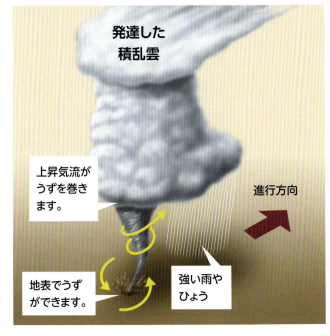

発達した積乱雲

上昇気流がうずを巻きます。

進行方向

地表でうずができます。

強い雨やひょう

竜巻が通った後の被害

竜巻の大きさは直径数十～数百mで、およそ数kmにわたって移動することもあるため、被害の中心は細長い帯状になり、こわれた建物の残骸や、がれきが散乱します。

1年間で約1000の竜巻が発生するアメリカでは、都市部を大型の竜巻がおそうこともあります。そのため、近年は避難シェルターや、レーダーによる観測システムが整備されています。

▲竜巻の被害を受けたアメリカの都市。通過した経路に帯状の被害が見られます。

ワンポイント

▶竜巻の強さを示すFスケール

1971年、シカゴ大学の藤田哲也博士は、竜巻の被害の規模から風速を大まかに推定するFスケール（藤田スケール）を考案しました。

階級	風速（m/秒）	被害
F0	約17～32	木の枝やテレビのアンテナが折れる。
F1	約33～49	かわらが飛ぶ。窓ガラスが割れる。
F2	約50～69	列車が脱線。屋根が飛ばされ弱い木造住宅がこわれる。
F3	約70～92	列車は脱線転覆する。森林の大木もたおれる。
F4	約93～116	家が飛散する。車が空中に飛ばされる。
F5	約117～142	ビルがこわされトラックや列車が空中に飛ぶ。

天気に注目

●ひょうやあられは竜巻の前ぶれ

竜巻は突然、局地的に発生しますが、いくつかの前ぶれがあります。竜巻をつくる大型の積乱雲は強い雨やひょう、あられ（→p97）、雷（→p94）などをともないます。これらが起こったら竜巻の発生に備えましょう。

▶竜巻以外にもある突風

竜巻のほかにも強い風をともなう気象現象があります。

「ダウンバースト」は、発達した積乱雲の下で地表にふき付ける強い下降気流（→p76）が広がったものです。強いものは風速50mをこえます。積乱雲の下では雨やひょうの落下とともに下降気流が起こります。

「つむじ風」は小規模な空気のうずで、太陽の熱で発生した上昇気流に周囲の空気がふきこみ、うずを巻いたときに起こります。まれに畑や学校の校庭などで見られます。

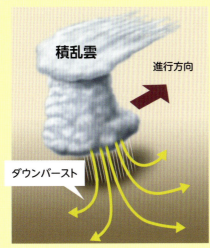
▲ダウンバースト

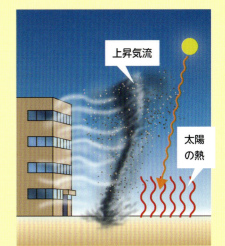
▲つむじ風

積乱雲（p12）、竜巻の空（p62）、雷のでき方（p94）、もチェック！▶▶

台風のでき方

夏から秋に日本に大きな被害をもたらす台風は、熱帯の海上で発生した低気圧が大きく発達したものです。非常に強い雨と風をともない、大きなものは日本列島をおおうほどに成長します。

熱帯低気圧が発達すると台風になる

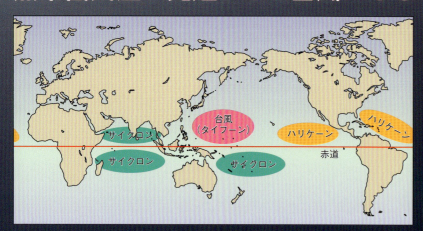

赤道付近の海上で発生した熱帯低気圧（→ p79）が発達し、最大風速が1秒間に17.2m以上になったものが台風です。名前は発生した地域ごとに、「サイクロン」（インド洋、南太平洋）、「タイフーン」「台風」（北西太平洋）、「ハリケーン」（東太平洋、北大西洋）と呼ばれます。日本に来る台風は発生後、まず西に向かい、その後は北東に進んで日本に近づくことが多いです。上陸後は多くの場合、温帯低気圧（→ p79、107）になります。

台風ができるまで

上昇気流によって、周囲に次々と積乱雲ができます。

積乱雲

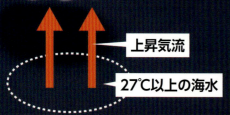

上昇気流
27℃以上の海水

①積乱雲（→ p12）ができる

熱帯付近の海は、海水の温度が高く日射しも強いので、強い上昇気流（→ p76）が発生します。上昇気流は積乱雲をつくります。

地球の自転と同じ向き（反時計回り）に回転を始めます。

②積乱雲が集まる

積乱雲の周囲にも上昇気流ができ新たな積乱雲がたくさんできます。集まった積乱雲は地球の自転の影響で反時計回りに回転を始め、熱帯低気圧になります。

台風の目

台風の中心付近には下降気流があるので、風はそれ以上入れず、雲も少ないです。これが台風の目です。直径は数十kmで、成長した台風は目がはっきりします。

▲ 国際宇宙ステーション（ISS）から見た台風の目。すぐ近くで雷が発生しています。　写真：NASA

らせん状の上昇気流

台風の周囲からふきこむ風は、内部で回転しながら上に向かっていきます。この上昇気流は積乱雲をさらに発達させて強い雨を降らせます。

ふき出しの雲

中心の上昇気流は、台風の上で外側にふき出し、全体を上からおおう雲をつくります。回転の向きは地球の自転の影響で、下部とは逆の時計回りです。

壁雲

台風の目の周りを囲んでいる、背の高い雲です。

下降気流

台風の中心付近は気圧が非常に低く上昇気流が発生しています。一方、目の中には風がふきこまず、下降気流が発生しています。

発達する積乱雲

中心にいくほど背が高くなり、強い雨を降らせます。

③台風ができる

積乱雲が集まり、うずの勢いが増すと、中心の空気がうすくなり気圧が下がります。すると、さらに暖かくしめった空気が流れこみ、水滴（雲粒）になるときに熱を出すので上昇気流も強くなり、やがて、台風になります。直径は小さなもので約200km、大きなものだと1000kmをこえます。

反時計回りの風のうず

台風の中心にふきこむ風は、地球の自転により北半球では反時計回りです。

積乱雲（p12）、台風の空（p64）、上昇気流 と 下降気流（p76）、熱帯低気圧（p79）もチェック！ ▶▶

台風がもたらす被害

大雨による増水で転覆したボート

台風が上陸した地域では強い雨と風が続くので、さまざまな被害が出ます。大雨が引き起こす「水害」、強い風で家屋がこわれる「風害」、波やうねりがおし寄せる「波浪害」、山の斜面がくずれ落ちる「土砂災害」などは、わたしたちの生活に大きな影響をもたらします。また、水害や風害による農作物の不作、土砂災害による交通機関の不通など二次的な被害も少なくありません。

台風の通り道

台風は夏から秋を中心に熱帯の海上で発生しています。ここでは、日本に接近、上陸する場合の進路を見てみましょう。熱帯低気圧（→p79）から発達した台風は、まず、貿易風（→p86）の影響で西に流されます。小笠原気団（太平洋高気圧→p105）の勢いが強いときは、そのまま西に進み、日本に近づくことはまれです。しかし、上空で偏西風（→p86）がふいている緯度（→p86）まで北上すると、その影響で進路を北東に変え、日本に近づきます。

6～7月は小笠原気団（太平洋高気圧）が上空をおおっているので、台風はその周囲に沿って日本列島からはなれて進みます。高気圧の勢いが弱まる8～9月になると、日本に上陸することが多くなります。

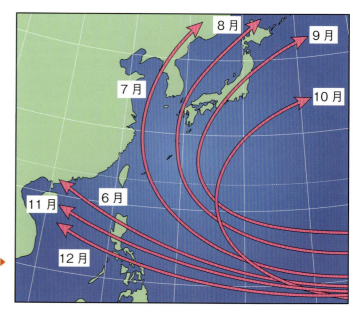

多くの被害をもたらした台風

台風は、これまで、日本の各地に大きな被害をもたらしてきました。1950年代以前は、一般の家屋の強度が低く、川のはんらんを防ぐ堤防や、せきなどの設備が整えられていなかったので、大きな台風が上陸すると被害の規模は今とは比べものにならないものでした。特に1959年9月の伊勢湾台風では、東海地方を中心に全国の広い範囲で水害、風害、波浪害が起こり、多数の死者・行方不明者が出たうえに、復旧にも長い時間がかかりました。

台風の名称	上陸時期	地域	被害の規模
①室戸台風	1934年9月21日	全国（特に近畿・四国）	最大瞬間風速：60.0m/秒以上（大阪）、大阪湾で高潮被害
②枕崎台風	1945年9月17～18日	西日本（特に広島県）	最大瞬間風速：62.7m/秒（枕崎）、厳島町で土石流
③カスリーン台風	1947年9月14～15日	関東・東北	最大日降水量：357.4mm（前橋）、赤城山麓で土石流
④洞爺丸台風	1954年9月26～27日	北海道・東北東部・西日本	最大瞬間風速：55.0m/秒（室蘭）、青函連絡船洞爺丸が沈没
⑤伊勢湾台風	1959年9月26～27日	東日本・近畿・東北（特に愛知・三重県）	最大瞬間風速：55.2m/秒（伊良湖）、伊勢湾で高潮被害
⑥第2宮古島台風	1966年9月4～6日	南西諸島	最大瞬間風速：85.3m/秒（宮古島）
⑦台風19号	1991年9月27～28日	全国	最大瞬間風速：53.9m/秒（青森）、青森県りんご被害総額741億円
⑧台風18号	2004年9月5～8日	西日本・北日本	最大瞬間風速：60.2m/秒（広島）、各地で猛烈な風
⑨台風12号	2011年9月3～4日	紀伊半島など	最大日降水量：872.5mm（三重）、広い範囲で土砂災害

台風の代表的な被害

水害 大雨で勢いを増した川の水が周囲に流れ出し、家の浸水や田畑・道路の冠水が起こります。近年、都市部では、降った雨が下水道などから逆流する「都市型洪水」も問題になっています。

風害 強風で家屋がこわされる、飛ばされた看板や折れた木の枝などが人に当たる、家の修復で屋根に上った人が落ちる、収穫前の農作物がたおれたり落ちたりするなどの被害があります。

土砂災害

強い雨が続いて、地盤がゆるんだときに発生します。特に山の斜面で発生しやすく、大量の土砂が急激に流れ落ちる「土石流」は、一瞬のうちに大きな被害をもたらします。

偏西風（p86）、台風のでき方（p90）もチェック！ ▶▶

雷のでき方

地面が暖められることが多い夏には、発達した積乱雲（→ p12）から雷が発生します。その正体は空気中を走る電気で、物や人に落ちて被害が出ることがあります。雷はなぜ発生するのでしょうか。

雲の中にたまった電気が空中に放電される

積乱雲が発達すると、雲の中で氷の粒どうしがこすれ合い、そのまさつで電気が発生します。プラスの電気を帯びた氷の粒が雲の上の方に、マイナスの電気を帯びた氷の粒が雲の下の方にたまると、おたがいに電気が引き合って放電が起こり、雷となります。積乱雲の下の方にマイナスの電気がたまると、それに引っ張られるように地表付近にはプラスの電気が集まります。そのため、雲と地表の間でも放電が起こり、落雷となります。

雷から身を守るには

雷は、木など、地面から出っ張ったものに落ちやすい性質があるので、雷が発生したら建物や車の中に避難しましょう。避難できない場合は、身をかがめてなるべく体を低くします。なお、高い木などの下に避難するのは大変危険です。木に落ちた雷の電気がさらに外側に飛ぶことがあるからです。木のみきから5m以上はなれ、枝からもはなれたら、身を低くして雷がやむのを待ちましょう。

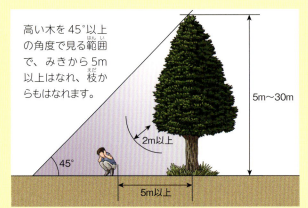

高い木を45°以上の角度で見る範囲で、みきから5m以上はなれ、枝からもはなれます。

▼雷のまぶしい光が見えた後、激しい音が聞こえてきました。

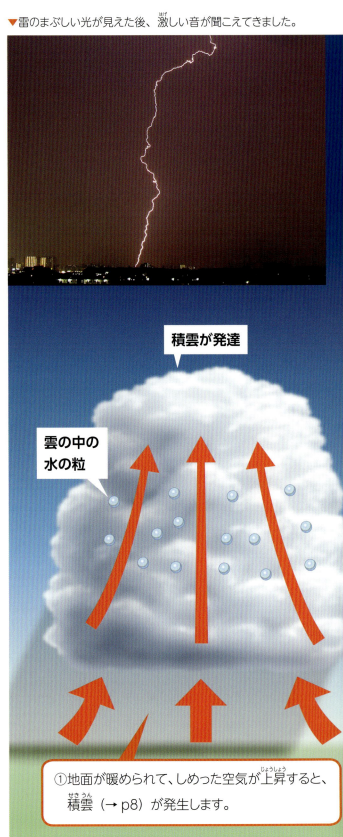

積雲が発達

雲の中の水の粒

①地面が暖められて、しめった空気が上昇すると、積雲（→ p8）が発生します。

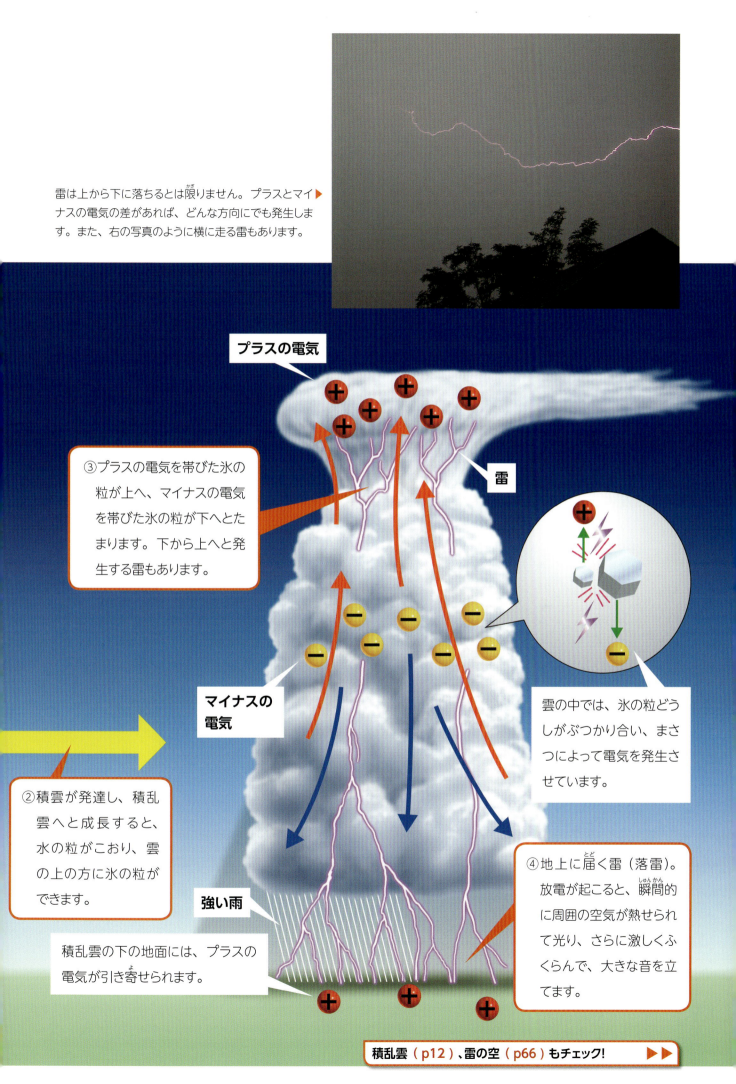

雨と雪のでき方

梅雨の細かい雨粒や夕立の大きな雨粒、ゆっくりと降るぼたん雪。形や大きさ、降る季節はちがいますが、これらはみな雲の中でできます。雲の中では、何が起こっているのでしょうか。

降ってくるときの空の状態で姿が変わる

雲は、空気中の水蒸気と細かいちりが結び付いてできた雲粒（→p74）からなる、小さな水滴や氷晶（→p75）の集まりです。これらが成長して大きくなり、空中にうかんでいられなくなると、降ってくるときの空の状態によって雨や雪に姿を変えて地表に落ちてくるのです。

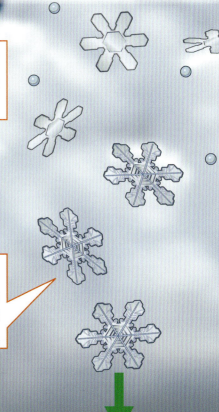

小さな水滴（水の雲粒）
空気中の水蒸気が細かいちりに付いてできた水の粒。

雪の結晶
氷晶（氷の雲粒）の周りに水蒸気がくっ付くと、雪の結晶に成長します。

雨
雪の結晶がとけて雨になります。直径は 0.1〜8mm です。

▶ 2種類の雨

雨には「冷たい雨」と「暖かい雨」の2種類があります。日本で降るのは「冷たい雨」で、上の方が氷晶でできている背の高い雲から降ります。雲の中の氷晶は、水蒸気が付いて雪の結晶になりますが、地表付近の温度が高いと途中でとけて雨になります。

▲低くたれこめた雲から降っている雨。

暖かい雨
暖かい雨は、主に熱帯地方で降ります。雲の中に氷晶ができないので、水の粒どうしがくっ付いて大きな雨粒になって降ります。

水の粒どうしがくっ付いて成長します。

上昇気流

水蒸気

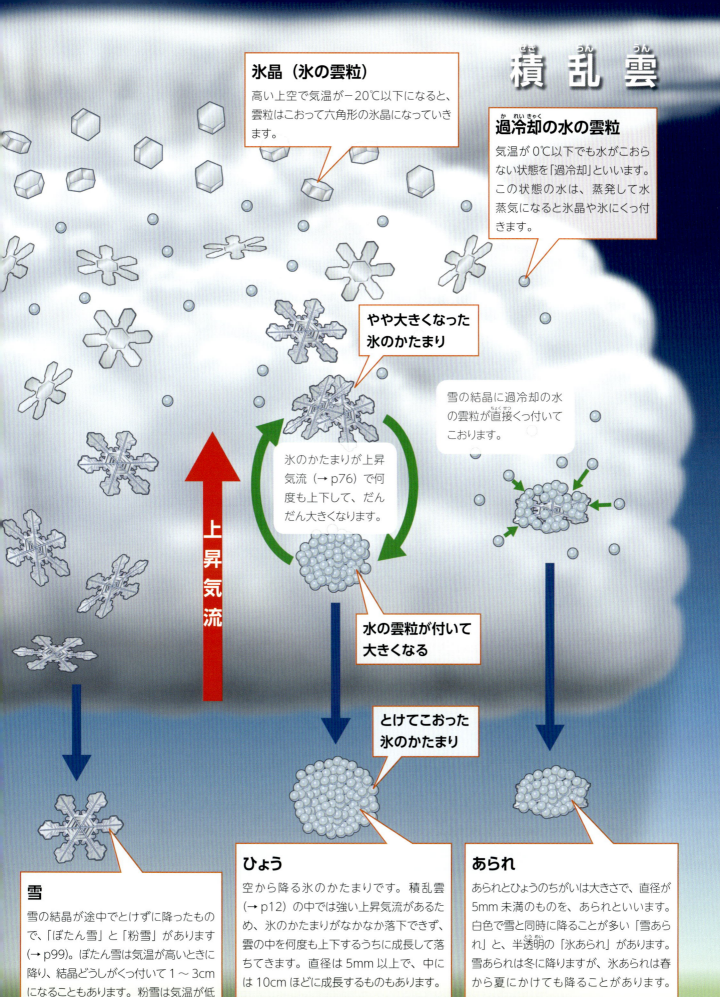

雪は温度と湿度で結晶の形が決まる

雪の結晶の種類

雪の結晶（→p96）を顕微鏡で見比べると、さまざまな形があります。雪の結晶が氷晶（氷の雲粒）から成長するときの温度や水蒸気の量（湿度）が異なるためです。

結晶の成長の仕方は、横方向と縦方向の2種類あります。気温が0～-4℃と、-10～-20℃のときなどは、結晶は横方向にのびて角板状に成長します。一方、-4～-10℃と-20℃以下のときなどは、縦方向に成長して角柱状になります。下の図は、物理学者の中谷宇吉郎博士が、雪の結晶と温度、湿度の関係をまとめた「中谷ダイヤグラム」をわかりやすく示したものです。

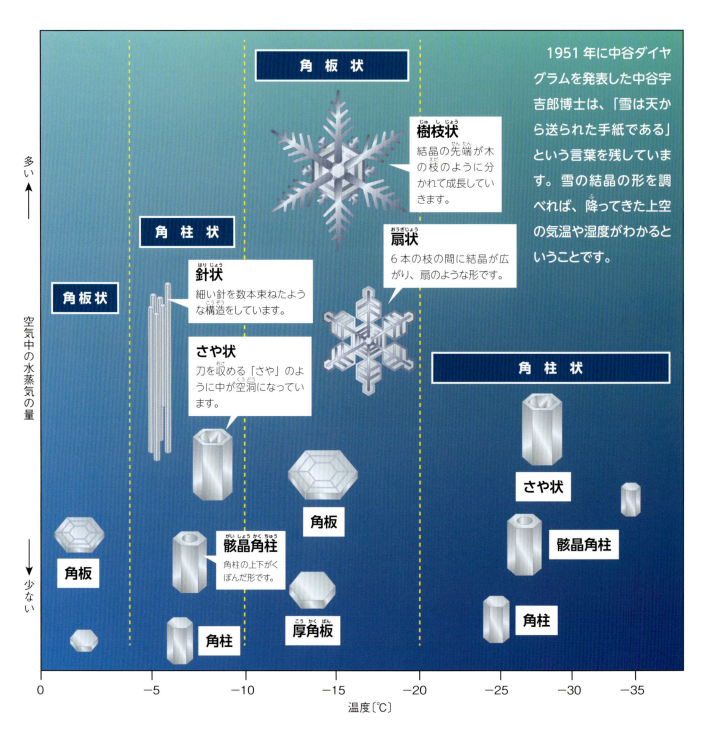

1951年に中谷ダイヤグラムを発表した中谷宇吉郎博士は、「雪は天から送られた手紙である」という言葉を残しています。雪の結晶の形を調べれば、降ってきた上空の気温や湿度がわかるということです。

ぼたん雪と粉雪

雪が降るとき、結晶どうしがくっ付いて大きくなったものを雪片といいます。このうち、大きなものが「ぼたん雪」です。ぼたん雪は、雪の結晶や水滴がこおったものが数十〜数百個も集まったもので、大きなものになると3cm以上に成長するものもあります。地表付近の空気が暖かくてしめっているときによく降ります。

一方、気温が低いときは、雪の結晶どうしがくっ付かずにそのまま降ります。これが「粉雪」で、直径は1〜3mmです。積もってもさらさらしたままなので「パウダースノー」とも呼ばれます。

▲地表付近の気温が高いと、ぼたん雪が降ります。

▲冬の山間部では、さらさらした粉雪がよく降ります。

ワンポイント

▶日本は世界有数の豪雪地域

実は、日本は世界でも特に雪が多く降るところです。なかでも北海道や東北、中部地方の日本海側は降雪量が多く、積もる雪の量は、札幌市や青森市、山形市など各県の都市部でも、すべて50cm以上です。また、積雪量の世界記録は、滋賀県と岐阜県にまたがる伊吹山で、なんと11.82m。これはギネスブックにものっています。

なぜ、これだけ雪が降るのでしょう。それは、冬に日本海から発生した水蒸気が、大陸からの季節風（→p85）で陸地に運ばれ、さらに、山にぶつかって上昇したときに、多くのゆき雲（→p34）をつくるからです。

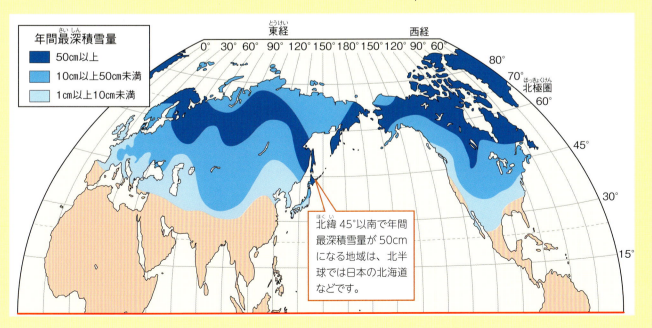

北緯45°以南で年間最深積雪量が50cmになる地域は、北半球では日本の北海道などです。

雨と雪のでき方（p96）もチェック！▶▶

霧のでき方

空気中の水蒸気が多い場所では、霧が発生することがあります。霧も雲と同じように、その正体は小さな水の粒です。霧にはさまざまなでき方があります。

▲地面付近が強く冷やされることで発生する、「放射霧」です。

地面に接していれば霧

雲は、水蒸気が上昇して冷やされ、小さな水の粒になることで発生します。霧も、同じように水蒸気が冷やされることで発生しますが、雲とのちがいは、冷やされてできた水の粒の集まりが地面に接していることです。地表近くで発生した霧が上昇して、地面からはなれると、今度は雲と呼ばれます。地面からはなれた雲は層雲（→p16）となります。

●朝霧は晴れ

朝霧は明け方に気温が下がり、地面が冷やされると発生します。そのためには、空に雲がなく、地面から熱が放射されることが必要です。空に雲がないのは、上空を高気圧（→p78）がおおっているからだと考えられます。高気圧があると晴れやすいので、「その日は晴れる」と予想できます。

天気に注目

ワンポイント

▶もや、霧、濃霧と、露、霜のちがいは?

もや、霧、濃霧とは、空気中にうかぶ水の粒の密度を示す言葉です。もやは10km以上先が見えない状態、霧は1km未満しか見えない状態、濃霧は陸の上で100m以下（海の上では500m以下）しか見えない状態です。

露と霜のもとは物体に付く水蒸気で、露は冷えた地面や物に水蒸気などが水滴となって付いたもの、霜は水蒸気が氷になって付いたものです。

▲露は植物や建物、窓など、物体の表面に付いた水滴です。

▲冬の朝は窓ガラスがとても冷えるので水蒸気がこおり、霜として付きました。

霧のでき方

霧は海や湖、川など、水分が多い場所で発生します。また、土がたくさんの水分をふくんでいるので、山でもよく発生します。どのような条件で発生するのか、霧の種類とともに確認しましょう。

• 放射霧

空が晴れていて風も弱い朝方は地面が冷えます。このため地表近くの空気が冷やされて霧が発生します。冷たい空気がたまりやすい、盆地などでよく見られます。

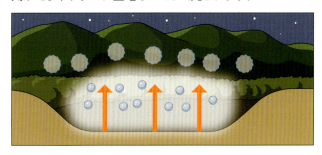

• 蒸発霧

水面から蒸発した水蒸気が冷たい空気にふれてできます。寒い冬に川の上で発生することが多く「川霧」とも呼ばれます。ふろの上に湯気ができるのも同じ理由です。

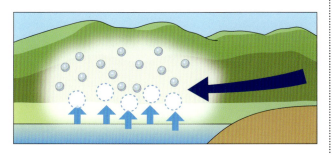

• 滑昇霧

山の斜面に沿って水蒸気を多くふくんだ空気が上昇すると、気圧（→ p77）が下がって空気が膨張します。すると、空気の温度が下がるので霧が発生します。

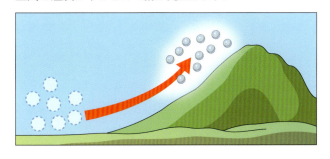

• 移流霧

暖かい空気が冷たい水の上に流れこんで、冷やされたときにできます。夏の海でよく発生する霧なので「海霧」とも呼ばれます。

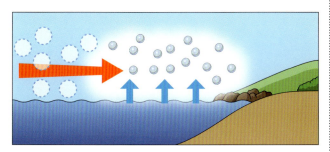

• 混合霧

このページの4種類以外でも、温度が異なる2つの川が合流する所など、水蒸気を多くふくんだ、暖かい空気と冷たい空気がぶつかると霧が発生することがあります。

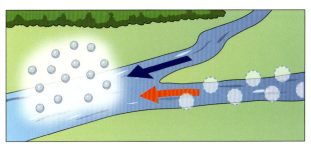

層雲（p16）、霧の空（p54）もチェック！

地球をめぐる水

地球は「水の惑星」と言われるほど、水にめぐまれています。生き物も、水があるので生きることができます。水は、蒸発して水蒸気になり、目に見えない形で、大気中でも地球上をめぐっています。

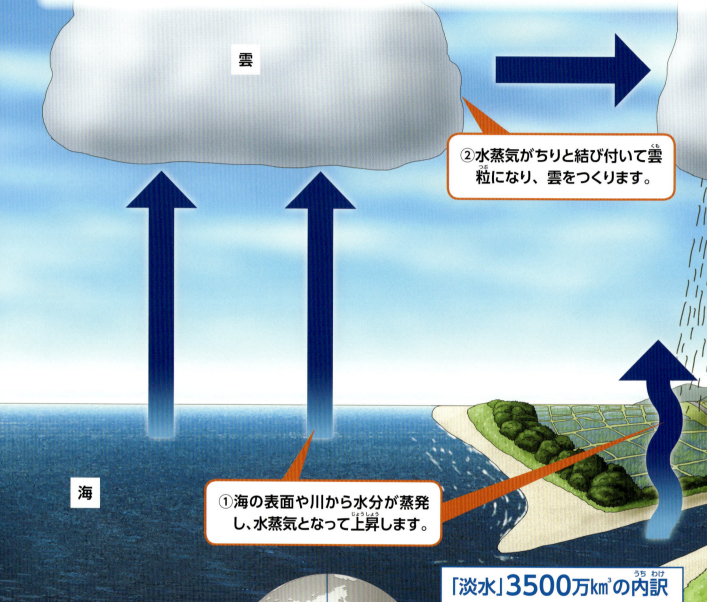

①海の表面や川から水分が蒸発し、水蒸気となって上昇します。

②水蒸気がちりと結び付いて雲粒になり、雲をつくります。

地球の水

地球上には約14億km³の水があります。そのうち淡水は3500万km³しかありません。雲や雲から降る雨は淡水で、わたしたちはこの貴重な淡水を使って生活をしています。

海水・塩水 約97.5%

地球の水 14億km³

「淡水」3500万km³の内訳

雪や氷河など	1.74%
地下水	0.76%
川、湖、沼	0.0075%
雪など大気中の水	0.001%

Assessment of Water Resources and Water Availability in the World ; I. A. Shiklomanov, 1996 (世界気象機関)をもとに作成

日本の季節をつくる気団

日本付近には、性質がちがう4つの気団があります。時期によってそれぞれの勢力が変わり、日本の気候や天気に大きな影響をあたえます。

似た性質を持つ空気のかたまりが気団

長い時間、空気が同じ場所にとどまると、陸上や海上から影響を受けて、気温や湿度などの性質が均一になった大きなかたまりになります。これを気団といいます。

▲海上にある空気は、水蒸気が多く、しめった気団になります。

▲陸上では水蒸気が少ないので乾燥した気団になります。

台風の正体も気団！〜赤道気団〜

赤道付近の海洋上にある気団が赤道気団です。海から蒸発した大量の水蒸気が上昇気流（→p76）で上空まで運ばれるため、空高くまで高温、多湿で大きな空気のかたまりができます。熱帯低気圧（→p79）を発生させ、これが台風（→p90）となって日本にもやって来ます。

シベリア気団（シベリア高気圧）

冬になると、北半球に当たる太陽の光が弱くなり、ユーラシア大陸全体が冷えていきます。すると、大陸の上にある空気も冷やされて、冷たく乾燥した大きな空気のかたまりができます。これがシベリア気団です。

揚子江気団（移動性高気圧）

中国の揚子江という川の下流付近の大陸上空には、暖かく乾燥した空気のかたまりができます。春や秋には、この気団が移動性高気圧となって、低気圧（→p79）と交互に日本を訪れます。

オホーツク海気団（オホーツク海高気圧）

梅雨の季節などに現れる、冷たくしめった空気のかたまりです。小笠原気団との間に梅雨前線（停滞前線→p107）をつくります。夏に発達すると、関東地方以北の地域で冷害が起こることがあります。

小笠原気団（太平洋高気圧）

太平洋の上には1年中、高気圧（→p78）があり、暖かくしめった巨大な空気のかたまりができています。この気団の一部が、夏に日本付近にも張り出しています。

赤道気団（台風）

台風（p90）、季節のでき方（p108）もチェック！ ▶▶

前線のでき方

空気は、性質のちがうものどうしが接すると、すぐには混じらずに、境目ができます。目には見えませんが、この境目で温度や湿度などが急に変わります。この境目を「前線」といいます。

前線は4種類

暖かい空気と冷たい空気が接すると、境目に前線ができます。近くでは空気が上昇するので雲ができ（→p74）、天気も悪くなります。前線は「温暖前線」「寒冷前線」「停滞前線」「閉塞前線」の4種類です。

温暖前線

暖かい空気が、冷たい空気の上に乗り上げておしながら進む前線です。暖かい空気がななめに上昇して下〜上層のすべてを通過するため、広範囲にいろいろな雲ができ、前線が通過する1〜2日前からそれらの雲が観測されます。温暖前線が近づくと高い空に巻雲（→p38）、巻層雲（→p44）などが現れ、その下に高積雲（→p24）、高層雲（→p30）などができ、やがて乱層雲（→p34）がやってきて、しとしとした雨が降り出します。前線が通過すると雨はやみ、気温が上がります。

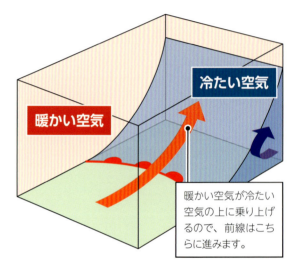

暖かい空気が冷たい空気の上に乗り上げるので、前線はこちらに進みます。

寒冷前線

冷たい空気が、暖かい空気の下にもぐりこんで、おし上げながら進む前線です。前線付近の暖かい空気が急に持ち上げられるため、垂直に発達する積雲（→p8）や積乱雲（→p12）ができます。寒冷前線が通過するときは積乱雲から強い雨が降り、雷や突風などが起こることがありますが、雲のできる範囲はあまり広くないので雨はすぐにやみ、冷たい風がふいて気温が下がります。

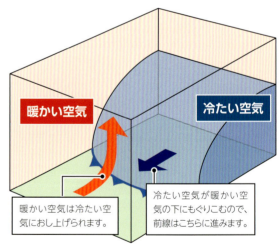

暖かい空気は冷たい空気におし上げられます。

冷たい空気が暖かい空気の下にもぐりこむので、前線はこちらに進みます。

▶温度のちがう水がとなり合うと…

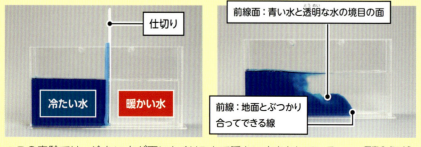

温度のちがう水は仕切りを取っても混じらず、冷たい水が下、暖かい水が上へ移動します。このようすは前線の動きによく似ていて、水の境目は前線面、それが水槽の底についた所は前線と考えられます。

▲この実験では、冷たい水が下にもぐりこんで暖かい水をおしているので、「寒冷前線」と同じ構造になっていることがわかります。

写真2点：Aflo

停滞前線

　暖かい空気と冷たい空気の勢力がほぼ同じで、たがいにおし合ってできる前線です。前線面付近で暖かい空気が上昇して、やや広い範囲に高層雲や乱層雲、ときには積乱雲ができます。停滞前線はあまり移動しないため、付近ではぐずついた天気が続きます。

　前線の長さは、温暖前線や寒冷前線の数倍（3000～4000km）にもなり、日本の広い地域で前線の影響を受けることがあります。日本付近では梅雨時に梅雨前線、秋に秋雨前線が現れて何日もとどまります。

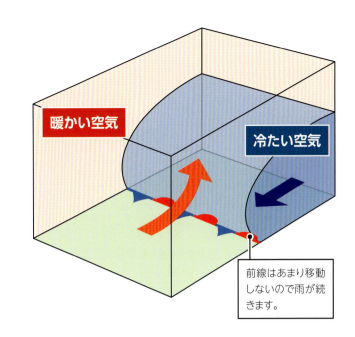

前線はあまり移動しないので雨が続きます。

閉塞前線

　温暖前線の後から、勢力の強い寒冷前線が追いついたときにできる前線で、2つの冷たい空気の上に乗った暖かい空気が高く上がります。閉塞前線付近では、さまざまな雲ができますが、積乱雲が発達して強い雨や風、雷をともなうこともあります。

　閉塞前線は、空気の温度差によって、「寒冷型」と「温暖型」に分けられます。追いついた寒冷前線の気温の方が低いと寒冷前線に似た寒冷型になり、逆の場合は温暖前線に似た温暖型になります。

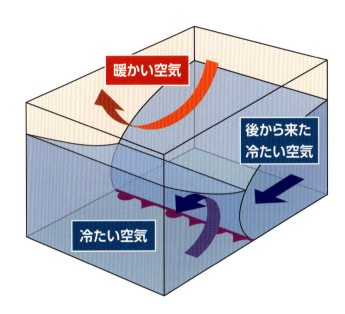

▶前線と低気圧の関係

　前線と低気圧（→p79）には深い関係があります。勢いが同じくらいの暖かい空気と冷たい空気がぶつかってできた停滞前線が、地球の自転の影響などで曲がると、その中心に温帯低気圧（→p79）ができます。前線の活動が活発になると、右図のように、温帯低気圧の東側は温暖前線、西側は寒冷前線になり、それぞれに特徴的な雨が降ります。温帯低気圧がさらに発達して、寒冷前線が温暖前線にくっ付くと閉塞前線になります。

温帯低気圧のしくみ

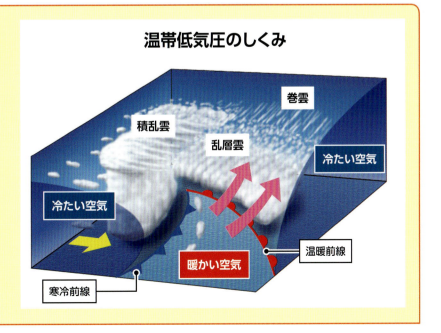

低気圧（p79）もチェック！

季節のでき方

地球のかたむきが季節をつくる

地球は、かたむいたまま公転しているので、日本がある地球の上半分(北半球)では、自転軸が太陽の方にかたむいたときによく光が当たります。下の図では「夏」にあたり、南中高度(→p109)が1年で最も高くなります。一方、図の「冬」の位置では太陽の光があまり当たらず、気温は下がります。

公転
地球は1年に1回、太陽の周りを回っています。

自転軸
地球の自転軸は約23.4°かたむいています。

太陽
太陽から受ける光の影響で、地球の気象は変わります。

夏至
(6月21日ごろ)

秋分
(9月23日ごろ)

春 / 夏 / 秋

夏 自転軸が太陽の方向にかたむくため、太陽の光が当たる時間が長くなり、気温が上がります。日本は発達した小笠原気団(太平洋高気圧)におおわれ、南東から暖かくしめった季節風(→p85)がふきます。

夏、日本に影響をおよぼす気団

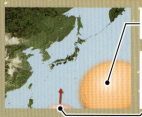

- **小笠原気団** 暖かくしめった気団
- **赤道気団** 台風(→p90)になり、夏から秋に日本付近に来る気団

秋 春と同様、ほぼ真横から太陽の光が当たります。小笠原気団(太平洋高気圧)が弱まり、移動性の高気圧と低気圧が交互に日本付近を通過します。台風も多く訪れます。

地球は1日に1回「自転」をしながら、1年間で太陽の周りを1周します。これが「公転」です。ただ、地球は少しかたむいて公転しているので、地域によって太陽から受ける光の量に差があります。季節ができるのはこのためです。

春分
（3月21日ごろ）

春 ほぼ真横から太陽の光が当たり、昼と夜の長さがだいたい同じになります。シベリア気団が弱まり、移動性の高気圧と低気圧が交互に来ます。

春と秋、日本に影響をおよぼす気団

揚子江気団
移動性高気圧となって、低気圧と交互に訪れる気団

自転
地球は1日に1回自転しているので、朝〜昼〜夜という変化が生じます。

冬

赤道
この線を境に、地球は北半球、南半球に分けられます。

冬至
（12月22日ごろ）

秋

冬 自転軸が太陽の反対側にかたむくので、太陽の光が当たる時間も短くなり、寒くなります。日本は発達したシベリア気団（シベリア高気圧）におおわれ、強い北西の季節風がふきます。

冬、日本に影響をおよぼす気団

シベリア気団
（シベリア高気圧）
冷たく乾燥した気団

▶季節による太陽の南中高度の変化

「南中」とは太陽が1日で最も高くなることです。太陽の南中高度は季節によって少しずつ変化します。昼の長さは太陽の南中高度が高いほど長くなります。

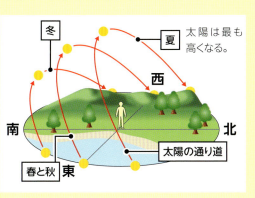

高気圧と低気圧（p78）、気団（p104）もチェック！

季節を24等分した二十四節気

カレンダーでは、春分の日と秋分の日は休日ですが、実はこの「春分」「秋分」という言葉は、中国でつくられた、「二十四節気」という季節を示すための言葉です。

昔のこよみの1年を24等分し、気候や動植物のようすなど、それぞれの時期の特徴的な自然現象をもとに名前が付けられました。

季節	二十四節気	日付	節気名の意味
春	立春（りっしゅん）	2月4日ごろ	春が始まる日で、春の気配が現れてきます。立春の前日が「節分」です。
春	雨水（うすい）	2月19日ごろ	気温が高くなり、雪ではなく雨が降ります。地面の雪や氷がとけて水になります。
春	啓蟄（けいちつ）	3月6日ごろ	冬眠していた生き物（蟄）が地上に出てくる（啓）という意味です。
春	春分（しゅんぶん）	3月21日ごろ	昼と夜の長さがほぼ等しくなり、このころから昼の方が長くなっていきます。
春	清明（せいめい）	4月5日ごろ	清々しく明るい空気が満ちるという意味。草木が芽ぶきます。
春	穀雨（こくう）	4月20日ごろ	春の暖かい雨が降って、穀物の芽がのびてくるころです。
夏	立夏（りっか）	5月6日ごろ	夏が始まる日です。気温も高くなり、夏の気配が感じられるようになります。
夏	小満（しょうまん）	5月21日ごろ	草木がのび、天地に満ちるという意味。草木や生き物の成長が見られます。
夏	芒種（ぼうしゅ）	6月6日ごろ	芒（イネ、ムギなどの穂先の毛）がある穀物の種をまく時期です。
夏	夏至（げし）	6月21日ごろ	昼の長さが最も長くなります。一方で夜の長さは一番短くなります。
夏	小暑（しょうしょ）	7月7日ごろ	梅雨が明けるころで、本格的な夏の暑さが感じられるようになります。
夏	大暑（たいしょ）	7月23日ごろ	昔のこよみのうえで、最も暑さが厳しくなるころです。
秋	立秋（りっしゅう）	8月7日ごろ	この日から秋が始まります。この日以降の暑さのことを「残暑」といいます。
秋	処暑（しょしょ）	8月23日ごろ	暑さがおさまってくるという意味です。台風が増える時期でもあります。
秋	白露（はくろ）	9月8日ごろ	大気が冷えてきて、草木の葉などに露ができ始めます。
秋	秋分（しゅうぶん）	9月23日ごろ	昼と夜の長さがほぼ等しくなり、このころから夜の方が長くなっていきます。
秋	寒露（かんろ）	10月8日ごろ	冷たい露ができるという意味。秋が深くなり、秋晴れが多くなります。
秋	霜降（そうこう）	10月23日ごろ	霜が降りてくるころです。寒い地域では初霜が観測され始めます。
冬	立冬（りっとう）	11月7日ごろ	この日から冬になります。初雪や木枯らしが観測される時期です。
冬	小雪（しょうせつ）	11月22日ごろ	寒さが厳しくなってきて、降る雨が雪に変わるころです。
冬	大雪（たいせつ）	12月7日ごろ	雪が本格的に降り積もり始めるころです。
冬	冬至（とうじ）	12月22日ごろ	夜の長さが最も長くなります。一方で昼の長さは一番短くなります。
冬	小寒（しょうかん）	1月5日ごろ	寒さがいっそう厳しくなる時期で、「寒の入り」といわれる日です。
冬	大寒（だいかん）	1月20日ごろ	1年で最も寒さが厳しくなります。このころから立春までが最も冷えこみます。

南極や赤道には、四季がない?

日本に四季があるのは、地球がななめにかたむいたまま太陽の周りを回っているからです（→p108）。では、世界のほかの地域はどうでしょうか。1年を通して太陽との位置関係がほとんど変わらない赤道付近では、季節の変化があまり見られません。極地には、太陽がしずまない夏の季節があります。

北極や南極の季節

北極と南極は、1年を通して気温がとても低く、短い夏があるだけです。また、南極は南半球にあるので日本とは季節が逆になり、12月から2月が夏、それ以外が冬です。

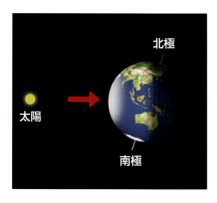

◀冬至のころの北極と南極。このとき北極は冬で1日中太陽が上らない「極夜」、南極は夏で太陽がしずまない「白夜」になります。

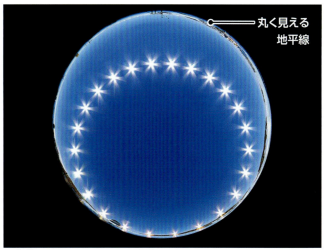

▲魚眼レンズで1時間おきに撮影された南極の白夜。太陽は常に地平線の上に出ています。

赤道の季節

赤道付近では、地球のかたむきに関係なく、1年を通して太陽の光がほぼ真上から当たります。そのため、暑い夏の季節が続きます。

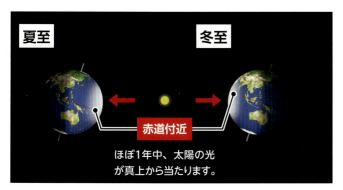

▲赤道付近で、太陽の光が当たる角度は、ほぼ1年中変わりません。

▲赤道近くの熱帯雨林。1年中夏なので樹木がよく成長して、すき間なくしげっています。

季節のでき方（日本）（p108）もチェック！

大気のつくり

大気は上空ほどうすくなっていて、はっきりした境目はありませんが、上空約 1000km までが地球の大気と考えられています。「雲ができる」「雨が降る」などの気象現象が起こっているのは、地表から高さ約 12km までの対流圏です。

流星
宇宙空間をただようちりが地球にぶつかり、発光する現象です。毎年決まった時期に見られるものもあり、「流星群」と呼ばれます。

国際宇宙ステーション（ISS）
高さ約 400km にある宇宙実験施設で、約 90 分で地球を 1 周しています。世界中から選ばれた宇宙飛行士が、実験や、地球やほかの天体の観測などを行っています。

夜光雲（→ p43）
最も高い所にある雲で、中間圏の高さ 80 km 付近にできます。極中間圏雲ともいいます。写真は、南極で撮影されたものです。

オゾン層
高さ 20 〜 25km を中心とした所にあるオゾンの多い部分です。生物にとって有害な太陽の紫外線を吸収する働きがあります。

ラジオゾンデ（→ p122）
気球の下に気圧、気温、湿度などの観測機を付けて飛ばします。上空の大気を観測してデータを地上に送ります。

積乱雲
垂直に発達した積乱雲は、対流圏よりも上に成長できないので、横に広がっていきます。

> ### 高い空ほど青いわけ
> 雲が白く見えるのは、雲粒の水分がすべての色の光を散乱しているためです。散乱とは光をさまざまな方向に反射することです。地表からはなれるほど水滴やちりなど、光を白く散乱させるものが少なくなるため、空の青さはこくなります。

外気圏 約800km 以上
大気の最も外側の層です。地球の重力をふり切り、大気が宇宙空間に流れ出しています。

気象衛星 (→ p122)
約3万5800kmの高さを地球の自転と同じ角度で回って、常に同じ場所を観測します。

熱圏 約80〜800km
上空に行くほど気温が上がります。高さ約150km付近では約700℃になりますが、空気がとてもうすいため、熱さは感じられないと考えられています。

オーロラ
太陽から届く電気を帯びた粒子（太陽風）が、大気とぶつかって発光する現象。高さによって色や形が変わります。

中間圏 約50〜80km
上空に行くほど気温が下がります。地表から中間圏までは、大気の成分はあまり変わりません。

成層圏 約12〜50km
対流圏のすぐ上の層です。上空に行くにつれて気温が上がるので雲粒ができにくく、雲はほとんど発生しません。

極成層圏雲
高さ10〜30kmにできます。北極や南極、高緯度地方（→ p86）で冬にときどき見られます。

ジェット機
空気の流れが安定している対流圏と成層圏の境界より少し上を飛んでいます。

対流圏 地表から約12km
ほとんどの雲が存在する大気の層です。地域や季節により、17km（赤道付近）〜8km（北極、南極付近）と高さが変わります。100m上がると気温が約0.65℃ずつ下がります。

積乱雲(p12)、夜光雲(p43)もチェック！

113

日本で見られる ふしぎな気象現象

地形や気候などによって引き起こされる特殊な気象現象は、日本にも複数あります。例えばオーロラは北極や南極付近だけでなく、日本でも観測されています。ここでは、地形や気候が作用して起こるめずらしい気象現象を紹介します。

蜃気楼（富山県など）

光の屈折で、物がのびたり縮んだり、逆さに見えたりする現象です。暖かい空気と冷たい空気の層の境界で光が曲がると発生します。日本では富山県魚津市の海岸などで観察されます。

サンピラー（北海道）

太陽の高さが低いとき、太陽の上下から柱のように光がのびる現象で「太陽柱」ともいいます。降っている平たい雪の結晶（→p98）に太陽の光が反射すると、このようにかがやきます。

御神渡り（長野県、北海道）

冬、寒い地方の湖には厚い氷が張ります。この氷が昼と夜の気温差で少しずつゆがみ、氷の一部が盛り上がります。これが「御神渡り」です。長野県の諏訪湖や北海道の屈斜路湖で観測されています。

低緯度オーロラ（本州、北海道）

オーロラ（→p113）は、太陽風が地球の大気にぶつかって光る現象です。地球は磁石と同じ性質があるので、ふつう太陽風は北極や南極に引き寄せられます。しかし、太陽風がたくさん発生すると、日本のような緯度の低い地域でもオーロラ（写真の下側の赤い部分）が観測されます。

第3章 天気予報のしくみを知ろう

雲の動きから見えてくる天気

雲の動きからわかること

　上の写真は富士山のふもとから雲を観察したようすです。最初は富士山の頂上が見えています。しかし5分後には東から大きな雲（雲A）が近づいて、10分後には頂上をかくしてしまいました。大きな雲がたった10分で移動してきて、富士山の頭をかくしてしまったのです。この雲は東から西へと動いていました。

　また、富士山よりも高い位置に出ている、うすい雲（雲B）にも注目してみましょう。こちらも5分後、10分後と少しずつ形などが変わっています。この高い雲は西から東へと動いていました。空にふいている風は、高さによって向きや強さがちがいます。そのため、雲も出ている高さによって、動く方向や速さがちがうのです。今日出ている雲はどんな動きをしているのか、時間をかけて観察すると、新しい発見をすることができます。

空気の大規模な移動が天気の変化をもたらす

　同じ日の雲のようすを、もっと広く日本全体で見てみましょう。右は気象衛星（→p122）が宇宙から撮影した、日本の周りの雲のようすです。空高い場所にある雲がよく見えています。この日は西から東へと雲が動き、だんだんと日本をおおっていきました。富士山よりも高い位置に出ていた雲Bは、この雲の一部です。地球をおおっている空気は、絶えず動いています。このような空気の大規模な移動が、風をつくり出します（→p78）。雲は風の流れに乗って、次々と移動しているのです。

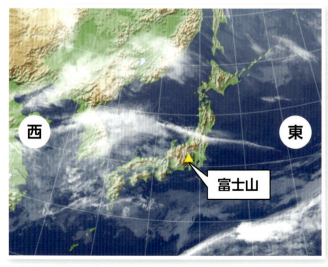

▲ 2015年5月18日8：00の日本付近の雲。
画像：気象庁提供の赤外画像を一部加工

じっくりと空をながめてみましょう。よく見ると雲が動いているのがわかります。上空にふいている風に流されて、風が強いときは速く、弱いときにはゆっくりと動きます。雲の動きを見ていると、その後の天気がわかることがあります。もし、大きな黒い雲が自分の方に近づいてきたら、空が暗くなって雨が降り出すかもしれません。

天気は西から東へと移る

次に、1日ごとの雲の動きを見てみましょう。左下の画像のように4月20日時点では日本の上にほぼ雲はなく、晴れの地域がほとんどです。しかし、日本の西、中国大陸の上には雲が広がっています。特に白くかたまっている雲は、雨を降らせる乱層雲（→p34）や積乱雲（→p12）です。1日後、日本の広い地域が雲におおわれました。西から雲が移動してきたのです。雨が降り出した地域もありました。日本の上空では偏西風（→p86）がふいているので、雲も西から東へと動くことが多いのです。このように、雲が移動することで天気は西から東へと移ります。

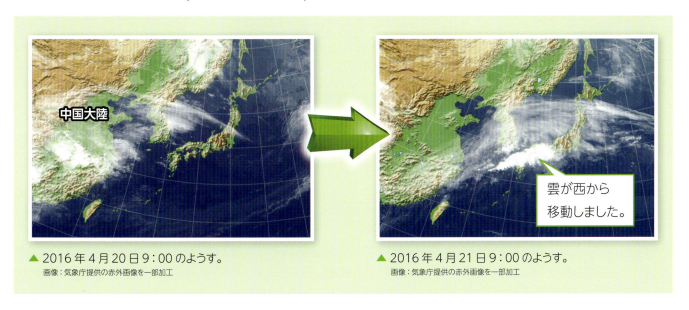

▲ 2016年4月20日9:00のようす。
画像：気象庁提供の赤外画像を一部加工

▲ 2016年4月21日9:00のようす。
画像：気象庁提供の赤外画像を一部加工

雲のでき方（p74）、偏西風（p86）もチェック！

天気予報のしくみ

テレビやラジオで見聞きする天気予報は、予報官や気象予報士がつくっています。天気予報をつくるため、地上、海、空、宇宙などさまざまな場所で気象の観測が行われ、そのデータを集めて気象庁のスーパーコンピュータが予測を出します。そのようすをくわしく見ていきましょう。

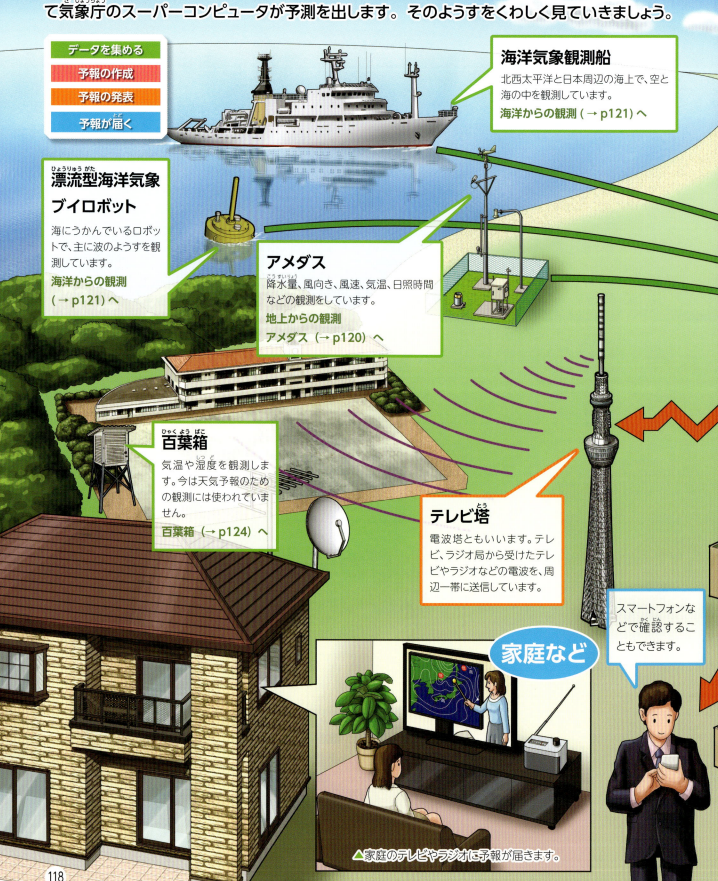

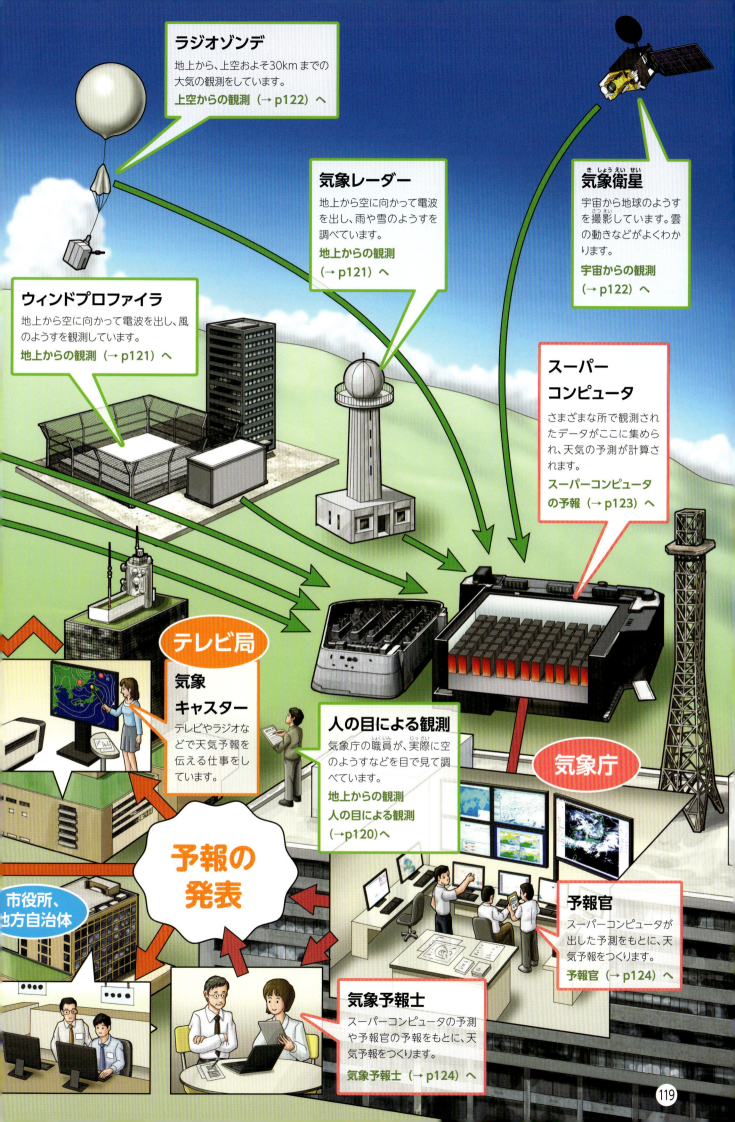

気象を、地上、海、空、宇宙から調べる

　天気の予報には、まず、現在の気象（気温や湿度、気圧などの大気の状態のこと）を調べることが必要です。そこで、気象庁によって、地上、海、空、宇宙などの場所で、機械を使った気象の「観測」が行われています。観測によって気象をくわしく調べるほど、天気予報は正しくなり、よく当たるようになるのです。

地上からの観測

気象のデータを集めるアメダス

雨量計
容器の中に、どれくらい雨水がたまったかを調べます。雪はとかしてはかります。

風向・風速計

日照計
日光が当たっていた時間を調べます。

積雪計

温度計と湿度計

　アメダス（AMeDAS：Automated Meteorological Data Acquisition System）とは、「地域気象観測システム」のことで、地上で雨や風、気温などを細かく記録しています。全国の約1300か所で降った雨の量を調べています。このうち約840か所では、風向きや強さ、気温、日照時間（日射しがどのくらい出たか）も合わせて観測しています。雪の多い、約320か所では、積もっている雪の深さも調べています。

▶風向・風速計
風のふいてくる方向にプロペラが向くようになっています。プロペラの回転数で風の速さをはかっています。

◀温度計と湿度計
気温と湿度は地上から1.5mの高さで観測しています。つつの中に温度計と湿度計が入っていて、太陽や風の影響を直接受けないようにしています。

人の目による観測

　気象庁や地方気象台では、決められた時間に、人の目でも空を観測して、雲の種類や量、どのくらい遠くまで見えるのかなどを確認します。また、サクラがさいた日や、その年に初めてウグイスが鳴くのを聞いた日など、動植物の活動も記録しています。

> **▶観測するチェックポイント**
> ① 天気や雲のようす
> ② 視程（どのくらい遠くまで見えるのか）
> ③ 生物季節観測（生き物の活動）

写真4点：気象庁

装置を使った、空の観測

高い空のようすは、気象レーダーとウィンドプロファイラという装置で観測されています。両方とも、地上から電波を発射して、その電波がはね返ってくるしくみを利用して空を観測しています。一方、気象レーダーは、雨や雪のようすを調べていて、半径数百kmの広い範囲を観測することができます。ウィンドプロファイラは、風のようすを調べていて、最大で地上から12kmの高さまでを観測することができます。

▼気象レーダー

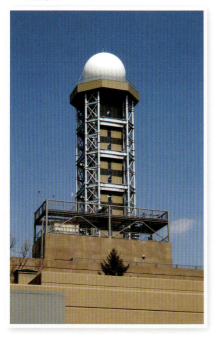

回転するアンテナから発射した電波が、雨や雪にぶつかってもどってくるまでの時間から距離を割り出し、雨や雪が降っている場所を調べます。雨や雪の強さや、雲の動きがわかります。全国20か所にあります。

▼ウィンドプロファイラ

高い空に向けて電波を発射し、高さによって異なる、風のようすを調べます。気象条件によって電波が届く高さは変わりますが、最大で地上から12kmまでの風向きと風速を調べることができます。全国33か所にあります。

海洋からの観測

船やロボットによる海の観測

陸だけでなく、海の上からも船やロボットが空や海のようすを調べています。陸と海という、異なる環境のデータを調べることで、よりくわしく今の状況がわかり、将来の予測にも役立てることができるのです。

▼海洋気象観測船

海上を船が移動しながら、空や、海の表面から深い場所、二酸化炭素といった海水にふくまれる成分などを調べています。これは地球温暖化などの、長い期間をかけて起こる地球の気候変動を知るためにも役立っています。

▼漂流型海洋気象ブイロボット

日本周辺の海の波を観測するロボットで、重さは約30kgです。海をただよいながら、約3か月間、データを自動的に送ります。ふだんは3時間ごとで、台風など、くわしく知りたいときは1時間ごとにデータを記録します。

写真5点：気象庁

空からの観測
ラジオゾンデを使って上空から調べる

気象庁では、毎日9:00と21:00に、ラジオゾンデという装置をゴム気球に付けて飛ばして、上空の気象を観測しています。ラジオゾンデは、上空約30kmの高さまで上がりながら、湿度や気温、気圧（→p77）をはかります。気球が飛んでいる速さや方向から、風向きや風速もわかります。

ラジオゾンデによる観測は、全国の16か所の気象台と南極、そして海洋気象観測船の上で行われています。

▲人の手や機械で空に上げます。

温度計と湿度計のほか、気圧計や、データを地上に送るための送信機も付いています。

宇宙からの観測
気象衛星で地球の外から調べる

宇宙からの観測は気象衛星が行っています。気象衛星は、地球の周りを、地球が回るのと同じ角度で回るため、地上の決まった場所を観測し続けることができます。

気象衛星が宇宙から撮影した画像を、衛星画像といいます。雲や水蒸気、海などのようすがくわしくわかります。山や砂漠など、人が入りにくい場所の気象も画像で確認することができます。

▶ひまわり8号の仕事

「ひまわり」は日本の気象衛星です。ひまわり8号は、日本付近の上空を2.5分ごとに撮影しています。これまでの気象衛星と比べて、短い時間にたくさんの画像を撮影できるようになりました。また、とても細かい部分まではっきりと写るようになり、くわしいようすがわかるようになりました。

◀ひまわり8号から送られてきた雲画像。左は雲のようすをはっきりと見ることができます。右は水蒸気の量を目に見えるようにしたものです。水蒸気が多い所ほど白く写っています。

写真・図6点：気象庁

調べたことをもとに天気を予測する

データを集めて予報するスーパーコンピュータ

地上や空から得たデータは、気象庁のスーパーコンピュータに集められます。ここでデータを分析し、天気を予測するために、スーパーコンピュータには、複雑な気象の計算をする「数値予報モデル」というプログラムが組みこまれています。数値予報とは、地球の地域を規則正しく格子状に分け、地域ごとに記録しておいた気象の数値情報をもとに、未来を予測するものです。この膨大な計算をスーパーコンピュータが行っているのです。

スーパーコンピュータシステム ▶
気象庁のスーパーコンピュータ（右）と、数値予報で地球全体を格子に区切ったイメージ（左）。

天気図もスーパーコンピュータの計算結果からえがき出されたものです。天気図には、地上の気温、湿度、気圧、風向き、風速のほか、上空のようすもかかれています。スーパーコンピュータの予測をもとにして、気象庁の予報官や気象予報士が、天気予報を決めます。

◀ スーパーコンピュータが作成した地上付近の天気図
天気図は、12時間、24時間先のものから、数日先、1週間先のものなど、いくつもの種類があります。

気象庁のスーパーコンピュータは、竜巻や局地的な大雨の予測などにも使われています。地球温暖化の予測など、地球規模の気象現象の研究にも役立っています。

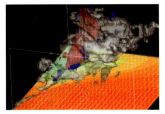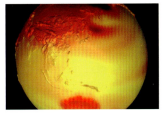
▲竜巻の発生のシミュレーション（左）と、地球温暖化の予測（右）。

写真・図5点：気象庁

▶ どれくらい未来を予測できるの？

スーパーコンピュータによる予測はどんどん進化をしていて、1週間後、1か月後の予測も可能です。当たる確率は低くなりますが、ときには1か月以上先の天気を予測することもできます。

天気予報で活躍する人々

観測データやスーパーコンピュータの予測は、すべてが正しいとは限りません。人が確認したり、修正したりすることでより正確な予報になります。そこで、気象の専門家がデータやスーパーコンピュータによる予測をもとに天気予報をつくり、全国に発表しています。予報を正確に伝えるための用語も決まっています（→p125）。

予報官

予報官は気象庁で働いている職員です。観測データやスーパーコンピュータによる予測から、「気象庁の天気予報」をつくり、発表をします。長い期間、予報に関することを学び、経験を積んだ人が務めています。

どうやったらなれるの？

予報官は気象庁の職員です。国家公務員試験に合格して国家公務員になるか、気象大学校に入る方法があります。

※気象大学校に入学した時点で気象庁職員となります。

気象予報士

気象予報士は民間の気象会社や放送局などで天気予報をつくったり、発表したりする人です。気象庁から発表された観測データや予測資料などを使って、一般の人にもわかりやすいように天気予報をつくります。気象予報士の制度は1994年から始まりました。

どうやったらなれるの？

気象予報士試験に合格して、気象庁長官から登録を受けると、気象予報士になることができます。気象予報士試験は、だれでも受けることができます。

▶ 大切な気象観測の道具だった百葉箱

- 太陽の光を反射するように、白くぬられています。
- 風通しを良くするため、密閉しないつくりになっています。
- 地面から反射する熱が届かないよう、芝生の上などに設置します。
- 乾湿計
- 気温と湿度を自動で記録するための装置

太陽の光や風、雨の影響をさけて気温と湿度を記録します。人が目で見て確認する記録計のほか、自動記録器なども設置されています。

写真：Aflo

百葉箱は気温や湿度を正確にはかるためにつくられた装置です。とびらは北向きにつくり、温度計を地上から1.5mの高さに置くなどの決まりを設けて、どこでも、同じ条件で気温や湿度がはかれるようにしました。天気予報のデータを集める目的で設置されていましたが、精度の高いシステムであるアメダス（→p120）が導入されて以降は、数が減っています。

天気予報で使う用語

テレビやラジオの天気予報をじっくり聞いてみましょう。何度も使われる言葉があることに気が付きます。天気予報で使われるこうした特別な言葉を「予報用語」といいます。予報用語を正しく知って、より正確に天気予報を理解しましょう。

予報用語の定義

右のイラストでは、気象キャスターが天気予報を伝えています。ここに出てくる「夕方」や「激しい雨」といった言葉が予報用語です。これらの言葉は意味や使い方がきちんと決められています。そのおかげで、日本全国どの気象キャスターが伝えても同じ意味を持ちます。

明日は夕方から激しい雨の降るところがあるでしょう。降水確率は40%です。

主な天気

天気は、だれが見ても同じになるように、具体的に指標が決められています。例えば、空全体の9割以上が雲におおわれているときは「くもり」、空全体の2割〜8割が雲におおわれているときは「晴れ」です（→ p127）。実際に空を見て、右の表で名前を確かめてみましょう。

天気	空のようす
快晴	雲の量（雲量）が空全体の1割以下
晴れ	雲の量が空全体の2割以上8割以下
くもり	雲の量が空全体の9割以上
霧	水滴がういていて、1km先が見えない
雨	雨が降っている
みぞれ	雪に雨が混じって降っている
雪	雪が降っている
あられ	直径が5mmよりも小さい氷の粒が降っている
ひょう	直径が5mm以上の氷の粒が降っている
雷雨	雷をともなった雨

1日の時間

予報用語では、時間の呼び方も決まっています。例えば、午前11時から雨が降るときはどのように伝えられるでしょうか。右の表を見ると、午前11時は大きく分けた呼び方では「日中」ですから、天気予報では「日中に雨が降り出しそうです」と表現されます。また、もっとくわしく「午前中に雨が降り出しそうです」、さらにくわしく「昼前に雨が降り出しそうです」と伝えられることもあります。

	用語	時間
午前	未明	午前0時〜午前3時 (0:00〜3:00)
午前	明け方	午前3時〜午前6時 (3:00〜6:00)
午前	朝	午前6時〜午前9時 (6:00〜9:00)
午前	昼前	午前9時〜午後0時 (9:00〜12:00)
日中	昼過ぎ	午後0時〜午後3時 (12:00〜15:00)
日中	夕方	午後3時〜午後6時 (15:00〜18:00)
午後・夜	夜のはじめごろ	午後6時〜午後9時 (18:00〜21:00)
午後・夜	夜おそく	午後9時〜午前0時 (21:00〜24:00)

※正午

ワンポイント

▶実は「日の出」も気象で使う、特別な用語です。「日の出」は地平線や水平線から太陽が顔を出した瞬間を指します。

「のち」や「ときどき」の意味

「のち」や「ときどき」も予報用語です。1日（24時間）の天気予報を例に見ていきましょう。

「のち」は午前と午後で天気がちがう場合に使います。「晴れのち雨」は、午前は晴れ、午後は雨になることを表します。「ときどき雨」は、雨の降る時間の合計が予報する時間の半分よりも短いときに使います。「一時雨は」予報する時間の4分の1よりも短い時間、雨が降るときに使います。「はじめのうち雨」は、予報する時間のはじめの4分の1から3分の1（はじめの6時間〜8時間）、雨が降るときに使います。

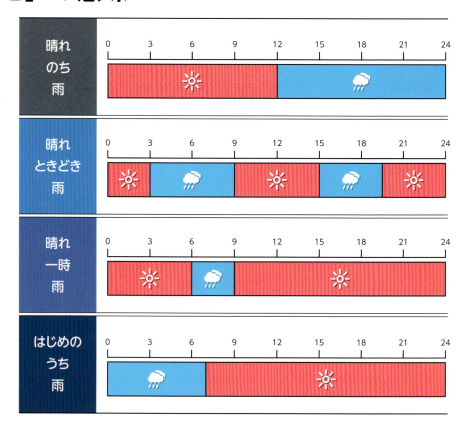

雨の強さと降水確率

雨（→p96）の強さは、1時間に降る雨の量によって5段階で表されます。1時間に10mm以上20mm未満のときは「やや強い雨」、1時間に20mm以上30mm未満のときは「強い雨」です。

1時間に50mm以上となる「非常に激しい雨」や1時間に80mm以上となる「もうれつな雨」が降ると、道路に水があふれたり、地下に雨水が流れこんだりする災害が起こりやすくなります。

降水確率は、雨または雪の降る可能性を10%刻みで表す予報です。降水確率50%の場合、「この予報を100回発表するとそのうちおよそ50回は雨または雪が降る」ということです。降水確率と雨の強さは関係ありません。10%でも、降れば強い雨のこともあります。

予報用語	雨量（mm）	状況
やや強い雨	10以上〜20未満	ザーザーと降る
強い雨	20以上〜30未満	どしゃ降り。傘をさしてもぬれる
激しい雨	30以上〜50未満	バケツをひっくり返したように降る
非常に激しい雨	50以上〜80未満	滝のように降る（ゴーゴーと降り続く）。傘が役に立たない
もうれつな雨	80以上〜	息苦しくなるような圧迫感がある

空に9割以上雲があったら「くもり」

　快晴、晴れ、くもりといった天気（→p125）は、空全体の何割を雲がおおっているのかを、実際に気象台の人が地上から見て確認して決めます。雲量（雲の量）が1割以下のときを快晴、2割〜8割のときを晴れ、9割以上のときをくもりとしています。

　雲量0〜10の写真は、空全体を撮影することができる「魚眼レンズ」を使って写したものです。雲の量を確認してみましょう。雲が重なっていることもありますが、上下の重なりは関係なく、空全体のどれくらいを雲がおおっているのかだけが決め手となります。

▲くもり空のようす

うすぐもりってどんなくもり？

空全体の9割以上が雲におおわれていても、空高い所にうすくかかっているだけの天気を、うすぐもりといいます。

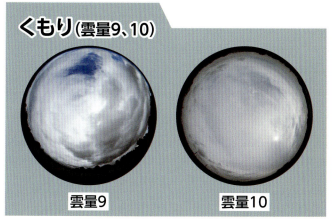

雲の分類（p6）もチェック！　▶▶

風の強さとふいてくる方向

風(→ p76)の強さは10分間の平均した風の速さによって「やや強い風」、「強い風」、「非常に強い風」、「もうれつな風」の4段階に分けられます。瞬間風速（3秒間の平均）を使うこともあります。

風向きとは、風のふいてくる方向のことをいいます。「北風」なら北からふいてくる風、「南風」なら南からふいてくる風です。天気予報では、北、東、南、西と、それぞれの間をとった8方向の風向き（北東、南東、南西、北西）が使われています（→ p131）。

▲ 風になびく煙。風は風速によって強さが決まります。

風の強さ	平均風速（m/秒）	おおよその時速（km）	おおよその瞬間風速（m/秒）	速さの目安	人への影響
やや強い風	10以上 15未満	～50	20	一般道路の自動車	風に向かって歩きにくくなり、傘がさせなくなります。
強い風	15以上 20未満	～70	30		風に向かって歩けなくなり、転ぶ人も出てきます。屋根の上など、高い所での作業はきわめて危険です。
非常に強い風	20以上 25未満	～90		高速道路の自動車	何かにつかまっていないと立っていられません。飛んできた物で、けがをするおそれがあります。
	25以上 30未満	～110	40	特急電車	屋外での行動はきわめて危険です。
もうれつな風	30以上 35未満	～125	50		
	35以上 40未満	～140	60		
	40以上	140～			

予報で使われる場所の名前

天気は陸の上と海の上など、地域の環境によって大きく変わります。また、同じ海の上でも、岸のそばと、岸から遠くはなれた場所での天気にはちがいがあります。同様に、陸の上でも、山の多い場所と平野部では、やはり天気の変化の仕方にちがいがあります。

天気予報では、より正確に各地の天気を伝えるため、環境のちがいによって地域の呼び方を決めています。

沖 岸から遠くはなれた海の上を指します。

山沿い 山に沿った地域、平野から山に移る場所を指します。

山岳部 平野部に対して、山が多い地域を指します。

海上 海面から上の場所を示します。「陸上」に対する言葉です。

平野部 山などの起伏がなく、平らな場所。盆地はのぞきます。

内陸 海から遠くはなれた場所を指します。

沿岸 海岸線をはさんだ、海と陸の上を指します。

陸上 「海上」に対する言葉です。陸の上の場所を示します。

危険を知らせる特別警報、気象警報・注意報

　大雨の危険があるとき、気象庁から最初に出されるのが「大雨注意報」です。雨が降り続くと「大雨警報」が発表されます。さらに雨が降り続き、命に危険がせまるような大災害が起こるおそれがあるときは「大雨特別警報」が発表されます。「特別警報」が出されたときは、非常事態です。すぐに命を守る行動をとらなくてはいけません。

　注意報や警報が出た時点で、すみやかに避難の準備や行動を始めることが大切です。注意報や警報、特別警報が出たらどのように避難するのか、家族でも話し合っておきましょう。

注意報
注意報は次の16種類が定められています。

大雨注意報	洪水注意報	強風注意報	風雪注意報
大雪注意報	波浪注意報	高潮注意報	雷注意報
融雪注意報	濃霧注意報	乾燥注意報	なだれ注意報
低温注意報	霜注意報	着氷注意報	着雪注意報

警報
警報は次の7種類が定められています。

大雨警報	洪水警報
暴風警報	暴風雪警報
大雪警報	波浪警報
高潮警報	

特別警報
6つの種類があるほか、地震、津波、噴火については「特別警報」の位置付けとなる警報などが定められています。

大雨特別警報	暴風特別警報
高潮特別警報	波浪特別警報
大雪特別警報	暴風雪特別警報
緊急地震速報（震度5以上のゆれを予想したもの）	
大津波警報（津波の高さが3mをこえると予想される場合）	
噴火警報（居住地域に大きな影響が予想される場合）	

避難に関する3つの言葉

　気象庁が発表した注意報や警報の内容を受けて、市区町村などの各自治体が地域の住民に向けて出すのが避難に関する勧告や指示です。強制力の弱いものから順に「避難準備・高齢者等避難開始」「避難勧告」「避難指示（緊急）」の3種類があります。「避難指示（緊急）」はとても強い指示で、すみやかな避難が必要です。

避難準備・高齢者等避難開始	被害が発生する可能性が高くなっています。気象情報を確認して、避難のための準備を始めましょう。小さな子どもやお年寄りなどが周りにいる場合は、手助けをして、早めに避難を始めましょう。
避難勧告	被害が発生する可能性が明らかに高くなっている状態です。避難場所に避難を始めましょう。
避難指示（緊急）	被害発生の危険性が非常に高くなっています。避難途中の場合は、すぐに避難を完了させましょう。外が危険な場合は、がけからはなれた自宅や近くの建物の2階以上など、安全な場所で身を守りましょう。

天気図を読み解こう

天気図は、記号などを使って空のようすを地図の上に表したものです。テレビで放送されるほか、新聞やインターネットのサイトで見ることができます。天気図から、天気の移り変わりや季節ごとの空の特徴を知ることができます。ここでは、典型的な日本の四季の天気図を見てみましょう。

春の天気は周期的に変わる

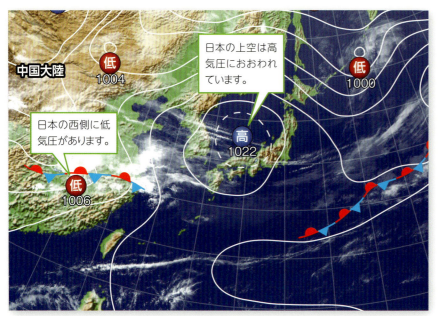

▲ 2016年4月6日9：00の天気図と雲のようす
広く高気圧におおわれて晴れていますが、西には低気圧があって、この後日本の上にやってきそうです。天気は下り坂になるでしょう。
画像：気象庁提供の赤外画像を一部加工

春は、日本の上を高気圧と低気圧（→ p78）が交互に通ることが多くなります。高気圧におおわれて晴れていても、西からは雨を降らせる低気圧がだんだんと近づいてきます。次第に雲が増えて、雨が降り出します。このように春は、晴れ、くもり、雨が順番にやってくることが多いので、天気が周期的に変わるといわれています。晴れの天気が長く続かないことから「春に3日の晴れなし」という言葉もあります。

メイストームとよばれる「春のあらし」

春には、低気圧が急速に発達しながら日本の上を通ることがあります。雨や風が強まり、春のあらしをもたらします。

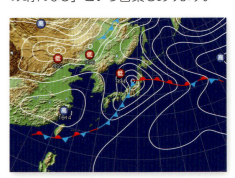

▲ 2016年5月11日9：00の天気図

天気図に出てくる記号

天気図には、前線や気圧配置、台風などのほか、天気、風向き、風力などの情報が書かれていることがあります。

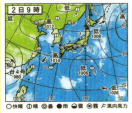

▲新聞にのっている天気図。

天気記号

天気記号は、その場所の天気のようすを表しています。気象庁などの人が目で見て調べた天気を記号で表します。日本国内では21種類に分けられています。

記号	天気	記号	天気	記号	天気
○	快晴	⊛	雪	Ⓢ	砂塵嵐
◐	晴れ	⊛ニ	にわか雪	⊕	地吹雪
◎	くもり	⊛ッ	雪強し	◓	雷
●	雨	⊛	みぞれ	◓ッ	雷強し
●ニ	にわか雨	⊙	霧、氷霧	△	あられ
●キ	霧雨	⊛	煙霧	▲	ひょう
●ッ	雨強し	Ⓢ	ちり煙霧	⊗	天気不明

前線が停滞する「梅雨」

梅雨前線（→p107）は、日本の近くに停滞して、長期間、雨やくもりの天気をもたらします。この時期を「梅雨」といいます。梅雨前線の活動が活発になると、特に前線の近くや南側で大雨となり、土砂災害や洪水などが発生することもあります。

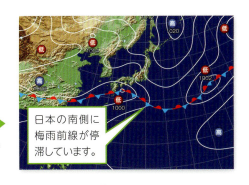

2015年6月18日 18:00の天気図 ▶
梅雨前線の上に低気圧があるときは、その近くは大雨になります。

日本の南側に梅雨前線が停滞しています。

小笠原気団が強まる夏

夏は小笠原気団（太平洋高気圧→p105）の勢力が強まって日本をおおうため、晴れて暑くなります。しかし、気温が上がると積乱雲（→p12）が成長しやすくなるので、夕方ごろの急な雨や雷に注意が必要です。小笠原気団に日本がおおわれていると、台風が近づいてくることはできません。

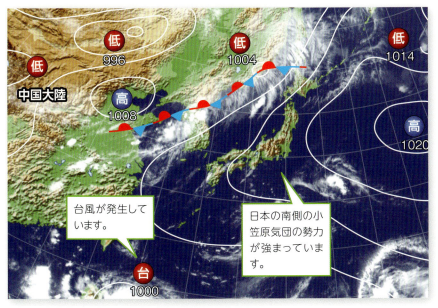

台風が発生しています。

日本の南側の小笠原気団の勢力が強まっています。

▲ 2012年8月19日 15：00の天気図と雲のようす
台風が発生していますが、小笠原気団が日本をおおっているため、日本からは、はなれています。
画像：気象庁提供の赤外画像を一部加工

▼ 2013年8月2日 15:00の天気図

クジラのしっぽの形

猛暑に注意 "クジラのしっぽ"
太平洋高気圧（小笠原気団）の等圧線が北に出っ張り、クジラのしっぽのような形をしていたら注意しましょう。この日は九州を中心に35℃以上の最高気温になった所がありました。

風の強さと向き

風の強さと向きも記号で表されます。風力は、天気予報で使われる風の強さ（→p128）よりも細かく分類されていて、矢羽根という、ななめの線で表します。数が多いほど、風力が強いことを示します。矢羽根の方角が風向きを表します。ここでは16方向の風向きが使われます。

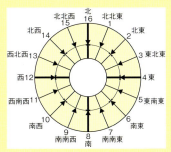

▲ 16方向の風向き

北北西の風、風力5

風力	記 号	風速（m／秒）	周りのようす
0	○	0.0〜0.2	煙がまっすぐに上がる
1		0.3〜1.5	煙がなびくので、風があることがわかる
2		1.6〜3.3	顔に風を感じる。木の葉が動く
3		3.4〜5.4	木の葉や細い小枝が絶えず動く。軽い旗が開く
4		5.5〜7.9	砂ぼこりが立つ。紙片がまい上がる。小枝が動く
5		8.0〜10.7	池や沼の表面の水に波頭ができる。葉のある木がゆれる
6		10.8〜13.8	木の大枝がゆれる。傘がさしにくい。電線が鳴る
7		13.9〜17.1	大きな木の全体がゆれる。風に向かって歩きにくい
8		17.2〜20.7	小枝が折れる。風に向かって歩けない
9		20.8〜24.4	屋根瓦が飛ぶなど、家屋に被害が出る
10		24.5〜28.4	根こそぎたおされる木が出る。人家に大きな被害が起こる。内陸部で起こることはまれ
11		28.5〜32.6	めったに起こらない。広い範囲に被害が出る
12		32.7以上	被害がさらに大きくなる

秋晴れをもたらす移動性高気圧

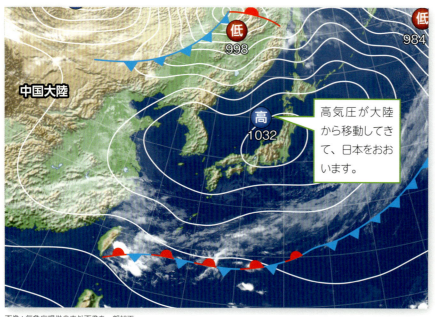

秋は、大陸から高気圧（→p78）が日本に移動してきて、さわやかな秋晴れをもたらします。この高気圧を「移動性高気圧」といいます。高気圧の中心が日本の上にあるときは、ほとんど雲のない真っ青な空が広がります。日本から少しはなれているときは、うろこ雲（巻積雲→p48）やひつじ雲（高積雲→p24）が出て、空がにぎやかになります。

◀ 2015年11月4日6：00の天気図と雲のようす
移動性高気圧におおわれると、昼は暖かく、朝と夜は、はだ寒くなります。

台風が上陸することも

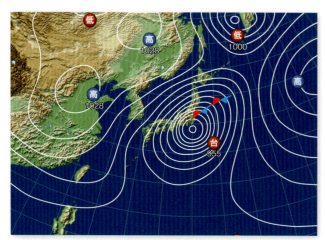

▲ 2013年10月16日6：00の天気図
伊豆大島に大きな土砂災害の被害をもたらしました。

秋になると小笠原気団（太平洋高気圧→p105）が弱くなり、台風（→p90）が日本に接近したり、上陸したりすることが多くなります。ときには、発達した台風が日本をおそい、大雨や暴風によって、大きな被害が出ることがあるので、十分な注意が必要です。

2013年10月25日15：00の天気図 ▶
台風が2つ以上発生すると、進路に影響し合い、複雑な動きをすることがあります。

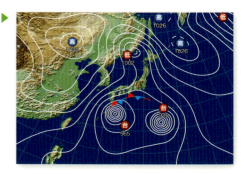

気圧を示す等圧線

天気図の上に書かれた線が「等圧線」です。天気図で同じ気圧の場所を結んだ線で、気圧の高さや低さを示します。単位はhPaで、等圧線は4hPaごとに引かれます。

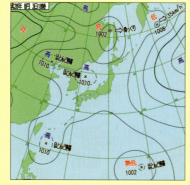

気象庁のサイトで確認できる天気図のようす▲
http://www.jma.go.jp/jp/g3/

前線のマーク

4種類の前線（→p106）も記号が決まっています。温暖前線は冷たい空気の方向へ、寒冷前線は暖かい空気の方向へ進みます。

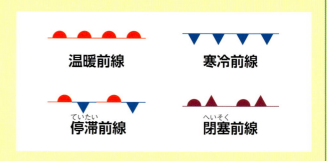

冬は西高東低

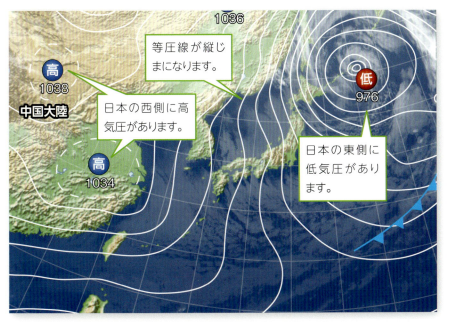

▲ 2015年1月8日9:00の天気図と雲のようす
特に北海道付近で等圧線の間隔がせまくなっています。強い冬型の気圧配置で、北海道は交通機関に暴風や雪の影響がありました。
画像：気象庁提供の赤外画像を一部加工

日本の西に高気圧があり、東に低気圧（→p79）があるときを「冬型の気圧配置」といいます。等圧線が、日本の上で縦じまになっているのも特徴です。冬になるとこのような天気図をよく見るようになります。冷たい北寄りの風がふきますが、等圧線の線の間隔がせまいほど、風は強くふきます。多くの場合は日本海側で雪が降り、太平洋側は晴れますが、風の向きが少し変わると、太平洋側でも雪が降ることがあります。

低気圧が通ると太平洋側でも大雪に

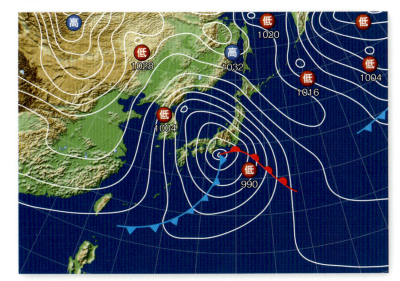

▲ 2016年1月18日9:00の天気図
この日は太平洋側で大雪になりました。山梨県河口湖で40cm、群馬県前橋市で20cm、東京都でも6cmの雪が積もりました。

冬でも、ときどき、太平洋側を低気圧が通ることがあります。このとき、空の高い場所にとても冷たい空気が流れこむと、低気圧の雲から降る雨が雪になります。10mmの雨でも雪に変わると10cmも積もることになります。けがや事故に注意が必要です。

▲ 東京都心部に大雪がもたらされることもあります。

高気圧と低気圧（p78）、台風（p90）もチェック！▶▶

観天望気

天気に注目

空のようすや生き物の動きなどから、天気を予想することを「観天望気」といいます。昔、天気予報がなかったころ、人は空や生き物を見て、また空気を体で感じて、自分で天気を予想していました。みなさんもぜひ予想にチャレンジしてみましょう。

● 夕焼けは晴れ、朝焼けは雨

雨上がり、西の空が晴れて夕日が出ると、雲はだいだい色に染まり、夕焼けになります。天気は西から変わるので、この後は空全体が晴れてきます。一方で、朝焼けは雨だといわれます。東の空が晴れて朝日が出ていても、西からは雲が広がってきていて、天気は下り坂です。

▲朝焼けのようす

● 星がまたたくと雨
● 星がまたたくと冷える

星がキラキラとまたたいて見えるときは、空では強い風がふいています。星の光が風でゆれているのです。今は晴れていても、次の日には風に乗って、雨を降らせる雲がやってくるかもしれません。また、寒くなるときは、冷たい空気がやってくることで空気の密度が変わり、星がまたたきます。

● 朝霜は晴れ
● 霜柱が立つと晴れ

よく晴れて風の弱い冬の夜は気温が下がり、翌朝、霜（→p100）や霜柱ができます。こうした日は大きな高気圧におおわれていることが多く、昼間も晴れの天気が続きます。朝は寒くても、日中は太陽の光で暖かくなります。

▲霜柱

◀朝に見られた霜

● 朝、遠くまで見えれば晴れ

遠くまでよく見えるのは、空気が乾燥しているためです。雲のもととなる水蒸気が少なく、よく晴れることが多いのです。

● 煙が真っすぐ上がると晴れ

煙が真っすぐ上がる日は、高気圧におおわれていて晴れが続きます。天気が悪くなる前には風がふき、煙が横に流されます。

▲朝虹

▲夕虹

● 朝虹は雨、夕虹は晴れ

虹は太陽と反対の空に出ます。太陽がのぼる朝は西の空に、太陽がしずむ夕方は東の空に虹ができます。虹が出る場所では雨が降っています。つまり、朝に虹が見えたら、西の空に雨を降らせる雲があり、やがて東へと移動して雨を降らせるというわけです。夕方はその逆です。ただし、例外もあります。

● ツバメが低く飛ぶと雨

雨が降る前は、空気中の水分が増え昆虫のはねに付きやすくなります。はねが重くなった昆虫が低く飛ぶので、そうした昆虫をねらって、ツバメも低い所を飛ぶといわれています。

● 飛行機雲が残ると雨

飛行機雲（→ p83）がすぐに消えるときは、晴れの天気が続きます。しかし、何分たっても残り、幅が太くなり、空に広がるときは、天気は悪くなります。低気圧が近づいていて空気がしめってきていることが多いからです。

● 白波は荒天
● うねりは台風から

海の遠くに白い波がたくさん見えたら、海上で風が強くなっている証拠です。陸上の天気も悪くなることがあります。また、台風（→ p90）が発生しているときは、大きな波がうねりとなってやってきます。

● 朝露は晴れ
● クモの巣に朝露がかかると晴れ

よく晴れた夜は、地面の熱が空へとにげて、だんだんと冷えていきます。そして朝に霧（→ p100）ができたり、露がクモの巣についたりします。太陽がのぼると霧や露は消えて、その日は晴れることが多いです。

● 遠くの音がよく聞こえると雨

遠くの電車の音などが、とてもよく聞こえることがあります。低気圧が近づいて、空の上の方に暖かい空気がやってくると、高い空に出ていった音が曲がって、再び地上にやってきて聞こえることがあるのです。

空からの挑戦状!
どんな天気になるのか予想しよう!

今まで読んできたこの本の知識を生かして、空の写真と天気図から、天気がどのように変化するか、予想に挑戦してみましょう。雲の種類や観天望気、天気図など、天気の移り変わりがわかる手がかりは、たくさんありました。思い出してみましょう。

問題 ①

▲ 写真は関東地方の空のようすです。

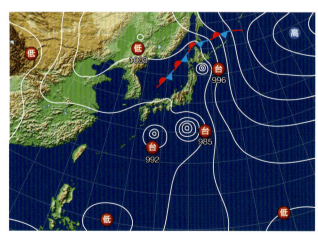

▲ 2016年8月21日 18:00
日本列島の南の方には台風が近づいています。

南の方から、すじ雲（巻雲）、うろこ雲（巻積雲）、ひつじ雲（高積雲）など高い空の雲が広がってきました。すじ雲やうろこ雲などが西の方から少しずつ増えるときは、低気圧が近づいていて、たいてい、雨になります。ところが今回はどうでしょう。天気図を見ると、日本列島の南に台風があります。この後の関東地方の天気を予想しましょう。

問題①のヒント: p38の巻雲、p132の秋の天気図の解説を見てみよう。

問題 2

　朝焼けがとても赤く見えました。ふつうの朝焼けは、青空の中に高い雲があり、黄色やだいだい色の明るい色が多いのですが、今回は雲がたくさんあって、光が弱く暗い感じがします。この赤い朝焼けが見られた後の関東地方の天気は、どうなるのでしょうか。

▲ 写真は関東地方の栃木県のようすです。

◀ 2016年5月6日6：00の天気図
　高気圧は東の方に去っていて、すぐ西に低気圧や前線があります。

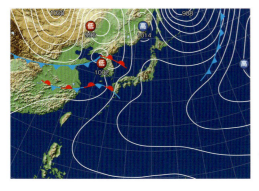

問題 2 のヒント: p116の雲の動き、p106の前線、p134の観天望気の解説を見てみよう。

問題 3

　太陽の周りに円の形の光（日暈）が出ていました。高い空にうす雲の巻層雲が広がっていて、その雲の氷の粒で太陽の光が屈折してかがやいたものです。北陸地方のこの後の天気はどうなるでしょうか。このまま晴れが続くと思いますか。

▲ 写真は北陸地方の富山県のようすです。

◀ 2016年4月16日15：00の天気図　日本列島は、高気圧におおわれていますが西の方には温帯低気圧や前線があります。

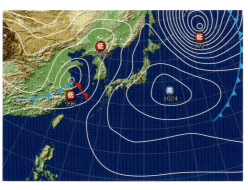

問題 3 のヒント: p44〜47の巻層雲、p78の高気圧、低気圧、p107の温帯低気圧の解説を見てみよう。

問題①の答え 台風がやってくる!

翌日、東京などでは空に暗い低い雲（積雲→p8、積乱雲→p12）が広がり、雨や風が急に強くなりました。台風（→p90）が接近したのです。日中、台風の影響が続き、生活に大きな混乱が起きました。

この後…

◀ 2016年8月22日10:00ごろのようす。

強い雨と風になった

▲ 2016年8月22日16:00ごろのようす。

台風と雲についておさらいしよう

台風の中心には強い雨を降らせる積乱雲がたくさんあり、風がとても強くふきます。また、台風に集まった空気は、高い空から周りにふき出し、その風が、台風から遠くはなれた所に、すじ雲（巻雲→p38）などをつくります。つまり、台風が近づくと、最初にすじ雲などの高い雲が観察されるのです。積雲や積乱雲は台風本体が近づいてから急に増えていきます。

▲台風が近づくと、まず高い空に、すじ雲やうす雲が広がります。その下に、灰色をした低い雲が増えていきます。

▲台風が去った翌日は、青空が広がりました。これを「台風一過」といいます。雨や風できれいになった空は、とても青く見えます。

問題 2 の答え　赤い朝焼けは雨

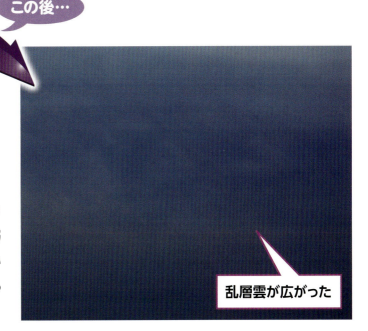

昼ごろには高層雲(→p30)と乱層雲(→p34)が広がり、雨を降らせました。朝焼けの光が弱くて赤い色をしていたのは、東の方が晴れていて朝日が当たったためと、西の方から雲がやってきて、空気がしめっていたためです。

乱層雲が広がった

天気の移り変わりについておさらいしよう

春や秋は、西の方から高気圧や低気圧がやってきて、晴れやくもり、雨といった天気が数日ごとにくり返されます。実際に天気が西から東へと変化するようすを写真や天気図で見てみましょう。

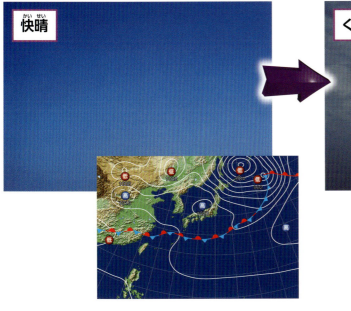

快晴

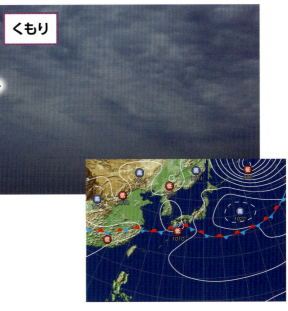

くもり

▲2016年5月8日12:00ごろの空のようすと天気図
6日に雨をもたらした前線が、去りました。7日の午後と8日の午前中は高気圧におおわれ快晴でしたが、午後から高い空に雲が増えてきました。

▲2016年5月9日12:00ごろの空のようすと天気図
6日に見られたような赤くかがやきの弱い朝焼けの後、雲が増えて太陽が見えなくなりました。再び、低気圧が接近しているのです。

問題 3 の答え

日暈（ひがさ）は雨

この後…

雲が増え、雨が降った

翌日の17日にはだんだん雲が増えてきて、昼には高層雲（→p30）や層積雲（→p20）が見られました。それらの雲はやがて乱層雲（→p34）となって、数時間も雨を降らせました。温帯低気圧の東側にある温暖前線（→p106）が通過したのです。

日暈についておさらいしよう

日暈は巻層雲（→p44）が広がったとき、太陽の周りにできます。巻層雲は低気圧が近づいたときにできることが多いので、日暈が翌日以降の雨を教えてくれるのです。低気圧が近づくと、最初に温暖前線がしとしと降る雨を、次に寒冷前線（→p106）がざっと降る強い雨をもたらします。月暈が見えたときも同じです。

▲ 2016年4月17日15:00ごろの空のようす
15:00ごろには、かなり空が暗くなりました。寒冷前線が通るときに積雲や積乱雲が流れていきました。にわか雨が降った所も多かったです。

▲ 2016年4月17日17:00ごろの空のようす
急速に晴れて、雲がなくなりました。日暈が知らせてくれた通り、低気圧が接近し、温暖前線や寒冷前線によって雨が降りましたが、この翌日の夕方には再び晴れました。

さくいん

【あ行】

秋雨前線 …………………………………………… 107
秋の天気図 ………………………………………… 132
秋晴れ ……………………………………………… 132
朝霧 ………………………………………………… 100
朝霜 ………………………………………………… 134
朝露 ………………………………………………… 135
朝虹 ………………………………………………… 135
朝焼け ………………………… 69、**134**、137、139
暖かい雨 …………………………………………… **96**
あま雲 …………………………………………… 27、**34**
雨 …6、10、11、12、13、14、15、18、22、27、28、30、31、32、33、34、35、36、37、41、47、50、51、58、59、61、65、68、69、70、72、73、75、77、79、81、83、88、90、91、92、95、**96**、102、103、106、107、110、112、117、120、121、123、124、125、126、129、130、131、134、135、136、138、139、140
アメダス …………………………… 118、**120**、124
雨粒 …………………………………………… 59、**96**
雨の強さ …………………………………………… 126
あられ ……………………… 36、89、**97**、125、130
緯度 ……………………………………… **86**、92、114
移動性高気圧 …………………… **104**、109、132
移流霧 ……………………………………………… 101
いわし雲 ………………………………………… **48**、50
ウィンドプロファイラ …………………… 119、**121**
うす雲 …………………………… 27、**44**、46、137、138
うすぐもり ……………………………………… 46、**127**
うね雲 ………………………………………………… 20
海風 ………………………………………………… 73、**84**
海霧（移流霧）……………………………………… 101
雨量計 ……………………………………………… 120
うろこ雲 …………………… 7、26、27、**48**、51、132、136
雲海 ……………………………………………… **22**、23
雲量 ……………………………………………… 125、**127**
Fスケール ………………………………………… 89
オーロラ ………………………………………… **113**、114
小笠原気団（太平洋高気圧）…… 92、**105**、108、131、132
オゾン層 …………………………………………… 112
オホーツク海気団（オホーツク海高気圧）…… 105
おぼろ雲 ……………………… 27、30、**32**、33
おぼろ月 ……………………………………… 32、33
御神渡り …………………………………………… 114
温帯低気圧 ………………… 79、90、**107**、137、140
温暖前線 …………………… 33、81、**106**、107、132、140
温度計 ……………………… 68、83、**120**、122、124

【か行】

外気圏 ……………………………………………… 113
海洋気象観測船 …………………… 118、**121**、122
海陸風 ……………………………………………… **84**、85
下降気流 …………………… **76**、**77**、78、84、89、91
笠雲 ……………………………………… 26、**28**、69
風向き ………………… 118、120、121、122、123、128、130、**131**
風 …9、10、11、13、14、15、18、21、26、27、28、29、32、33、37、38、39、40、41、47、50、51、56、57、59、65、68、69、70、72、73、75、76、77、78、79、80、82、**84**～**87**、88、89、90、91、92、101、106、107、116、117、119、120、121、124、128、130、131、133、134、135、138
風の強さ ……………………………………… 128、131
下層雲 ……………………………………… **6**、**7**、17、18
滑昇霧 ……………………………………………… 101
かなとこ雲 ……………………… 12、**13**、14、15
壁雲 ………………………………………………… 91
雷 …6、12、13、14、15、59、66、67、70、89、91、**94**、**95**、106、107、125、130、131
かみなり雲 ……………………………………… 12
過冷却 ……………………………………………… 97
川霧（蒸発霧）…………………………………… 101
環水平アーク ……………………………………… 53
環天頂アーク ……………………………………… 52
観天望気 ………………………………… **134**、136
寒冷前線 …………………… 14、81、**106**、107、132、140
気圧 …… 57、72、74、76、**77**、78、83、84、88、91、101、112、120、122、123、130、132、133
気圧計 ……………………………………………… 122
気象衛星 …………………… 113、116、119、**122**
気象キャスター ……………………………… 119、125
気象警報 …………………………………………… 129
気象庁 … 68、118、119、**120**、122、123、124、129、130、132
気象予報士 …………………… 118、119、123、**124**
気象レーダー …………………………… 119、**121**
季節 ……… 39、84、85、104、105、**108**～**111**、113、130
季節風 ……………………………… **85**、99、108、109
気団 ……………………………… **104**、**105**、108、109
極成層圏雲 ……………………………………… 113
極中間圏雲（夜光雲）………………………… **43**、112
極偏東風 …………………………………………… 86
極夜 ………………………………………………… 111
霧 …17、18、19、43、54、55、**100**、**101**、125、130、135
きり雲 ………………………………………………… 16
霧雨 ………………………………… 16、**17**、18、130
クジラのしっぽ …………………………………… 131

雲粒	… 10、11、15、36、46、51、**74**、**75**、81、83、91、96、97、102、103、112、113
雲のでき方	74
雲の分類	**6**、**7**
くもり雲	20
巻雲	… 前見返し、7、27、32、**38〜41**、45、46、47、52、53、70、72、87、106、136、138
幻日	52
巻積雲	… 前見返し、7、26、27、32、40、42、46、**48〜51**、53、132、136
巻層雲	…… 6、27、32、40、**44〜47**、50、52、53、87、106、137、140
光環	42、**53**
高気圧	… 27、**78**、**79**、84、85、87、92、100、105、108、109、130、132、133、134、137、139
洪水	13、**93**、131
降水確率	125、**126**
高積雲	… 6、**24〜27**、28、32、42、50、106、132、136
高層雲	… 7、27、**30〜33**、35、36、37、40、46、50、51、73、81、106、107、139、140
公転	**108**、109
氷の雲粒	**75**、96、97、98
国際宇宙ステーション（ISS）	64、91、**112**
粉雪	97、**99**
こぶ状雲	33
混合霧	101

【さ行】

彩雲	**42**、49
サイクロン	90
さば雲	26、**50**、51
サンピラー（太陽柱）	114
ジェット気流	86
湿度計	**120**、122
自転	107、**109**
シベリア気団（シベリア高気圧）	**104**、109
霜	**100**、110、134
霜柱	134
上昇気流	…… 9、11、15、72、74、75、**76**、**77**、79、80、81、82、84、88、89、90、91、96、97、104
上層雲	**6**、7
蒸発霧	101
白波	135
蜃気楼	114
水害	**92**、**93**
水蒸気	… 9、10、11、15、41、**74**、75、76、77、79、82、83、96、97、98、99、100、101、102、104、122、134
数値予報モデル	**123**
スーパーコンピュータ	119、**123**、124
頭巾雲	15
すじ雲	7、27、**38**、41、70、136、138
スモッグ	32
西高東低	133
成層圏	13、72、**113**
積雲	… 6、**8〜11**、12、14、22、26、42、70、72、75、94、95、106、138、140
積雪計	120
赤道	65、**86**、87、90、104、109、111
赤道気団	**104**、105、108
積乱雲	… 6、9、10、**12〜15**、36、58、62、63、67、70、72、79、81、88、89、90、91、94、95、97、106、107、112、117、131、138、140
前線	… 79、**106**、**107**、130、131、132、137、139
前線面	**106**、107
層雲	7、**16〜19**、22、31、32、100
層積雲	7、10、18、**20〜23**、31、32、140

【た行】

台風	… 11、14、26、28、29、40、41、57、64、65、76、79、**90〜93**、104、105、108、110、121、130、131、132、135、136、138
台風の名前	後ろ見返し
台風の目	**64**、**65**、76、91
タイフーン	90
太平洋高気圧（小笠原気団）	92、**105**、108、131、132
太陽柱（サンピラー）	114
対流圏	13、14、**112**、113
ダウンバースト	89
竜巻	14、15、62、63、72、**88**、**89**、123
谷風	73、**85**
地域気象観測システム	120
地球温暖化	121、**123**
注意報	129
中間圏	43、112、**113**
中層雲	**6**、7
ちり	10、11、23、**74**、83、96、102、112
月暈	**44**、47、140
つむじ風	89
冷たい雨	96
梅雨	36、72、96、105、**107**、110、131
露	**100**、110、135
つるし雲	28、**29**
低緯度オーロラ	114
低気圧	… 11、26、27、28、29、32、33、40、41、50、51、57、73、**78**、**79**、80、87、90、104、107、108、109、130、131、133、135、136、137、139、140
停滞前線	105、**106**、**107**、132
テレビ塔（電波塔）	118
天気記号	130
天気図	68、78、123、**130〜133**、136、137、139

天気予報 …… 79、**118**、**119**、120、124、125、126、128、131、134
天使のはしご … **23**
等圧線 … **78**、**132**、133
特別警報 … **129**
土砂災害 … **92**、**93**、131、132
土石流 … **93**
突風 … **89**、106

【な行】

中谷ダイヤグラム … **98**
なぎ … **84**
夏の天気図 … **131**
逃げ水 … **80**
二十四節気 … **110**
日照計 … **120**
にゅうどう雲（積乱雲） … 前見返し、9、12、**13**、14
にゅうどう雲（雄大積雲） … 8、9、**10**、14
にゅうどう雲（上記以外） … 7、70
乳房雲 … **33**
にわか雨 … **10**、11、36、130、140
熱気球 … **76**
熱圏 … **113**
熱帯低気圧 … 65、**79**、90、92、104
濃霧 … **100**

【は行】

梅雨前線 … 105、**107**、131
旗雲 … 前見返し、**11**
波浪害 … **92**、93
ハリケーン … **90**
春のあらし … **130**
春の天気図 … **130**
日暈 … 44、**45**、46、47、137、140
飛行機雲 … 前見返し、82、**83**、135
ひつじ雲 … 24、**25**、27、50、132、136
避難 … **129**
ひまわり8号 … **122**
白夜 … **111**
百葉箱 … 118、**124**
ひょう … 15、36、88、89、**97**、125、130
氷晶 … **75**、**96**、**97**、98
漂流型海洋気象ブイロボット … 118、**121**
風害 … **92**、93
風向・風速計 … **120**
風力 … 130、**131**
フェーン現象 … **77**
ふき出しの雲 … **91**
藤田スケール … **89**

冬型の気圧配置 … **133**
冬の天気図 … **133**
ブロッケン現象 … **43**
閉塞前線 … **106**、**107**、132
偏西風 …… 38、40、41、70、72、73、**86**、**87**、92、117
貿易風 … **86**、92
放射霧 … 100、**101**
放射冷却 … **84**、85
ぼたん雪 … 96、97、**99**

【ま行】

水の循環 … **102**
むら雲 … 24、**25**
メイストーム … **130**
もや … **100**
モンスーン … **85**

【や行】

夜光雲（極中間圏雲） … **43**、112
山風 … 73、**85**
山谷風 … **85**
雄大積雲 … 8、9、**10**
夕虹 … **135**
夕焼け … 45、69、**134**
雪 … 6、7、11、22、27、30、31、32、33、34、35、36、37、46、47、50、60、61、68、73、75、**96**〜**99**、102、103、110、120、121、125、126、130、133
ゆき雲 … **34**、99
雪の結晶 … 75、96、97、**98**、99、114
揚子江気団 … **104**、109
予報官 … 118、119、123、**124**
予報用語 … **125**、126

【ら行】

雷雨 … 15、**125**
落雷 … 94、**95**
ラジオゾンデ … 112、119、**122**
乱層雲 … 6、27、30、32、33、**34**〜**37**、50、51、73、106、107、117、139、140
陸風 … 73、**84**
流星 … **112**
レンズ雲 … 前見返し、**26**、27、28、29
ろうと雲 … **63**、88
ロケット雲 … **82**

【わ行】

わた雲 … 7、**8**

143

NDC451
武田 康男、菊池 真以
雲と天気大事典
あかね書房 2018
143p 31cm×22cm

武田 康男

気象予報士、空の写真家。日本気象学会会員。日本自然科学写真協会会員。千葉県出身。東北大学理学部地球物理学科卒業。元高校教諭。第50次南極地域観測越冬隊員。主な著書に『いちばんやさしい天気と気象の事典』(永岡書店)、『ずかん 雲』(技術評論社)、『自分で天気を予報できる本』(中経出版)などがある。

菊池 真以

気象予報士、NHK気象キャスター。茨城県龍ケ崎市出身。慶應義塾大学法学部政治学科卒業。共著に、空や季節の写真を集めた『12ヶ月のお天気図鑑』(河出書房新社)がある。各地で天気や防災などについての講演活動なども行っている。オフィス気象キャスター株式会社所属。

雲と天気大事典

発　　行　2017年1月　初版
　　　　　2018年10月　第2刷
著　　者　武田 康男　菊池 真以
発 行 者　岡本 光晴
発 行 所　株式会社 あかね書房
　　　　　〒101-0065
　　　　　東京都千代田区西神田3-2-1
　　　　　電話 03-3263-0641〈営業〉
　　　　　　　 03-3263-0644〈編集〉
　　　　　http://www.akaneshobo.co.jp/
印刷・製本　図書印刷株式会社
I S B N　978-4-251-08291-6
©Miwakikaku, 2016 Printed in Japan
乱丁本・落丁本はお取りかえいたします。
定価はカバーに表示してあります。

■ デザイン
笹森デザイン制作（笹森 竜大）
■ 図版、イラスト
マカベアキオ　今田 貴之進　123rf.com
■ 写真
武田 康男、菊池 真以、AFLO、アマナイメージズ、気象庁、NASA、NASA Earth Observatory
■ 校閲・校正
尾﨑 充雄　加藤 法子
■ 編集・制作協力
阿部 毅　うみそら（中田 彩子）
■ 編集・制作
美和企画（笹原 依子）

台風の名前

日本では、その年に発生した台風に1から順番に名前を付けて、号数で呼んでいます。しかし、日本をはじめとした14の国や地域が加盟している台風委員会では、実は台風にあらかじめ140の名前を付けて、くり返し使うというルールを決めています。2000年の台風1号からこの名前が使われていて、約5年で名前が最初の「ダムレイ」にもどります。

	名前	意味	命名した国と地域
1	ダムレイ (Damrey)	ゾウ	カンボジア
2	ハイクイ (Haikui)	イソギンチャク	中国(中華人民共和国)
3	キロギー (Kirogi)	ガン(鳥の一種)	北朝鮮(朝鮮民主主義人民共和国)
4	カイタク (Kai-tak)	啓徳(昔の空港名)	香港
5	テンビン (Tembin)	てんびん座	日本
6	ボラヴェン (Bolaven)	高原の名前	ラオス
7	サンバ (Sanba)	マカオの名所	マカオ
8	ジェラワット (Jelawat)	淡水魚の名前	マレーシア
9	イーウィニャ (Ewiniar)	あらしの神	ミクロネシア
10	マリクシ (Maliksi)	速い	フィリピン
11	ケーミー (Gaemi)	アリ	韓国(大韓民国)
12	プラピルーン (Prapiroon)	雨の神	タイ
13	マリア (Maria)	女性の名前	アメリカ合衆国
14	ソンティン (Son-Tinh)	ベトナム神話の山の神	ベトナム
15	アンピル (Ampil)	タマリンド	カンボジア
16	ウーコン (Wukong)	孫悟空	中国(中華人民共和国)
17	ジョンダリ (Jongdari)	ヒバリ	北朝鮮(朝鮮民主主義人民共和国)
18	サンサン (Shanshan)	少女の名前	香港
19	ヤギ (Yagi)	やぎ座	日本
20	リーピ (Leepi)	ラオス南部の滝の名前	ラオス
21	バビンカ (Bebinca)	プリン	マカオ
22	ルンビア (Rumbia)	サゴヤシ	マレーシア
23	ソーリック (Soulik)	伝統的な部族長の称号	ミクロネシア
24	シマロン (Cimaron)	野生のウシ	フィリピン
25	チェービー (Jebi)	ツバメ	韓国(大韓民国)
26	マンクット (Mangkhut)	マンゴスチン	タイ
27	バリジャット (Barijat)	風や波の影響を受けた沿岸地域	アメリカ合衆国
28	チャーミー (Trami)	花の名前	ベトナム
29	コンレイ (Kong-rey)	伝説の少女の名前	カンボジア
30	イートゥー (Yutu)	民話のウサギ	中国(中華人民共和国)
31	トラジー (Toraji)	キキョウ	北朝鮮(朝鮮民主主義人民共和国)
32	マンニィ (Man-yi)	貯水池の名前	香港
33	ウサギ (Usagi)	うさぎ座	日本
34	パブーク (Pabuk)	淡水魚の名前	ラオス
35	ウーティップ (Wutip)	チョウ	マカオ
36	セーパット (Sepat)	淡水魚の名前	マレーシア
37	ムーン (Mun)	6月	ミクロネシア
38	ダナス (Danas)	経験すること	フィリピン
39	ナーリー (Nari)	ユリ	韓国(大韓民国)
40	ウィパー (Wipha)	女性の名前	タイ
41	フランシスコ (Francisco)	男性の名前	アメリカ合衆国
42	レキマー (Lekima)	果物の名前	ベトナム
43	クローサ (Krosa)	ツル	カンボジア
44	バイルー (Bailu)	白いシカ	中国(中華人民共和国)
45	ポードル (Podul)	ヤナギ	北朝鮮(朝鮮民主主義人民共和国)
46	レンレン (Lingling)	少女の名前	香港
47	カジキ (Kajiki)	かじき座	日本
48	ファクサイ (Faxai)	女性の名前	ラオス
49	ペイパー (Peipah)	魚の名前	マカオ
50	ターファー (Tapah)	ナマズ	マレーシア
51	ミートク (Mitag)	女性の名前	ミクロネシア
52	ハギビス (Hagibis)	すばやい	フィリピン
53	ノグリー (Neoguri)	タヌキ	韓国(大韓民国)
54	ブアローイ (Bualoi)	おかしの名前	タイ
55	マットゥモ (Matmo)	大雨	アメリカ合衆国
56	ハーロン (Halong)	湾の名前	ベトナム
57	ナクリー (Nakri)	花の名前	カンボジア
58	フンシェン (Fengshen)	風神	中国(中華人民共和国)
59	カルマエギ (Kalmaegi)	カモメ	北朝鮮(朝鮮民主主義人民共和国)
60	フォンウォン (Fung-wong)	山の名前(フェニックス)	香港
61	カンムリ (Kammuri)	かんむり座	日本
62	ファンフォン (Phanfone)	動物	ラオス
63	ヴォンフォン (Vongfong)	スズメバチ	マカオ